职业教育智能制造领域高素质技术技能人才培养系列教材

工业机器人应用编程

主　编　陈　丽　靳晨聪
副主编　梁　舒　薛　堃
参　编　刘　杰　杨志方　于　娜

U0361226

机械工业出版社

本书以 ABB 公司六自由度工业机器人的应用为主线，全面系统地介绍了工业机器人的组成、工作原理、编程方法、虚拟仿真、应用集成和通信技术，深入浅出地介绍了工业机器人在线编程和离线编程、与外围设备的通信、控制程序设计与调试方法、项目设计开发过程等。本书项目直接来源或者间接模拟实际生产应用，融入工业机器人应用编程"1+X"职业技能等级证书标准。

本书内容包括初识 ABB 工业机器人、ABB 机器人手动操作、ABB 机器人离线编程、ABB 机器人现场编程、ABB 机器人通信 5 个项目共 16 个任务。通过 16 个任务的学习，不仅可以使学生掌握有关基础理论知识、提高实际操作能力，还能培养学生科学严谨、精益求精的工匠精神和团队协作精神、端正文明生产的态度。

本书适合作为高职本科院校机器人技术、自动化技术与应用、电气工程及自动化等自动化类专业的教材，也可作为高职高专院校工业机器人技术等机电类专业的教材，还可作为工业机器人应用编程"1+X"证书考证人员以及相关工程技术人员学习工业机器人技术的参考书。

为方便教师教学，本书配有电子课件、微课视频等，凡选用本书作为授课教材的教师，均可来电（010-88379375）索取或登录 www.cmpedu.com 注册下载。

图书在版编目（CIP）数据

工业机器人应用编程/陈丽，靳晨聪主编. —北京：机械工业出版社，2021.9（2024.1 重印）

职业教育智能制造领域高素质技术技能人才培养系列教材

ISBN 978-7-111-68999-7

Ⅰ.①工⋯　Ⅱ.①陈⋯ ②靳⋯　Ⅲ.①工业机器人-程序设计-高等职业教育-教材　Ⅳ.①TP242.2

中国版本图书馆 CIP 数据核字（2021）第 171973 号

机械工业出版社（北京市百万庄大街22号　邮政编码100037）
策划编辑：王宗锋　责任编辑：王宗锋　高亚云
责任校对：陈　越　封面设计：鞠　杨
责任印制：刘　媛
涿州市般润文化传播有限公司印刷
2024 年 1 月第 1 版第 2 次印刷
184mm×260mm · 15.5 印张 · 382 千字
标准书号：ISBN 978-7-111-68999-7
定价：49.80 元

电话服务　　　　　　　　网络服务
客服电话：010-88361066　　机 工 官 网：www.cmpbook.com
　　　　　010-88379833　　机 工 官 博：weibo.com/cmp1952
　　　　　010-68326294　　金 书 网：www.golden-book.com
封底无防伪标均为盗版　　机工教育服务网：www.cmpedu.com

前　言

为了贯彻落实《国家职业教育改革实施方案》，深化职业教育"三教"改革，加快实现培养一大批结构合理、素质优良的技术技能型、复合技能型和知识技能型高技能人才的目标，结合高等职业院校的教学要求和办学特色，我们编写了本书。

本书内容及其实施过程有以下特点：

（1）本书以职业能力培养为主线，注重教学过程的实践性和职业性，充分挖掘课程中蕴含的思政元素，坚持价值引领与知识传授相结合，将思政课程教育理念融入工业机器人应用编程课程教学全过程，将专业与思政相互结合、德育与智育相互统一，培养学生树立精益求精的大国工匠精神和爱岗敬业、诚实守信的职业道德观。

（2）本书编写团队由学校与企业人员共同组成，各自发挥所长，遵循人才培养规律，精心研讨选取实践项目。将在线开放课和课堂教学进行了整体化设计，通过项目任务，由简单到复杂，在项目开发过程中培养学生的工程应用能力，将理论教学、实践操作和综合设计训练有机结合，将硬件组态与软件设计相结合。

（3）本书融入了工业机器人应用编程"1＋X"职业技能等级证书标准，学习内容和学习目标涵盖"1＋X"职业技能等级证书要求的知识和技能，能够作为考证的参考书，有助于学习者考取相关证书。

（4）本书的项目来源于企业实际应用，学生兴趣浓、学习积极性高。ABB六轴工业机器人应用范围广，通俗易学，内容具有较好的可迁移性。将知识点和技能点紧密结合，完整地再现设计过程，提高工程应用能力，突出了应用特色。

（5）本书以行动为导向，项目引领，任务驱动，促进学生综合职业能力的培养。运用工作任务要素（工作对象、工具、工作方式方法、劳动组织形式、工作要求等）梳理工作过程知识，明确学习内容，按照典型性、对知识和能力的覆盖性、可行性原则，遵循"从完成简单工作任务到完成复杂工作任务"的能力形成规律，设计5个项目，16个工作任务。通过完成这16个工作任务，使学生在职业情境中"学中做、做中学"。

（6）运用信息技术，展现立体化学习资源，与教材同步建设了"工业机器人应用编程"慕课，实现线上线下混合式教学。以微课、动画、技能操作视频、仿真、课件、文本等丰富的数字化资源作为支撑，构建新形态的立体化课程体系。采用动画或仿真直观展示控制对象的动作过程、指令执行的动作；以屏幕录像来演示、讲解软件操作；实际操作以拍摄录像、制作动画来展示；讲解工作原理以微课的方式展现；使用仿真软件来模拟实训模型，验证设计。所有信息化教学资源通过扫码，学习者可以反复学习，学习后通过在线作业、练习、考试，检验学习效果。并有在线答疑、互动、延伸阅读与拓展内容，可以进一步培养和提高学生的设计能力和创新能力。

（7）本书打破了传统教材按章节划分的方法，将相关知识分为 5 个项目共 16 个任务，将学生应知应会的知识融入这些任务中。每个任务又由任务描述、任务目标、相关知识、任务实施及任务拓展构成。在基础知识安排上，也打破了传统的知识体系，任务中涉及的知识重点讲解，和任务关系较小的内容放在拓展知识中，让学生自学。通过完成任务可使学生学有所用、学以致用。

本书由陈丽、靳晨聪任主编，梁舒、薛堃任副主编，参加编写的还有刘杰、杨志方和于娜。具体分工如下：陈丽制订编写大纲，并编写项目 1 中的任务 1 和任务 2；靳晨聪编写项目 2 中的任务 3 和项目 4；梁舒编写项目 3；刘杰编写项目 5；于娜编写了项目 2 中的任务 1；薛堃编写了项目 2 中的任务 2；杨志方编写项目 1 中的任务 3 和任务 4。在编写过程中，编者参考了大量的相关文献资料，在此对书后参考文献的作者深表谢意。

由于编者水平有限，书中难免存在疏漏与不足之处，恳请读者批评指正。

编　者

二维码索引

（续）

目 录

初识ABB工业机器人

工业机器人是20世纪60年代在自动操作机基础上发展起来的一种能模仿人的某些动作和控制功能，并按照可变的预定程序、轨迹及其他要求操作工具，实现多种操作的自动化机械装置。随着科学技术的进步，人类的体力劳动已逐渐被各种机械所取代。工业机器人作为新一轮工业变革的重要切入点，显著提升了工业生产的效率，工厂"机器换人"现象将更加频繁，工业机器人在未来将扮演重要角色。

任务1　认知工业机器人的发展现状与趋势

◇◆ 任务描述

熟悉工业机器人的发展历史，认识各类主流品牌工业机器人，了解工业机器人的应用领域，熟悉工业机器人系统，为后续项目的学习奠定基础。

◇◆ 任务目标

1）熟悉工业机器人的发展历史、工业机器人分类及品牌。

2）了解工业机器人的应用领域。

◆◇ 相关知识

1. 基本知识

（1）工业机器人的定义　工业机器人是面向工业领域的多关节机械手或多自由度的机器装置，它能自动执行工作，是靠自身动力和控制能力来实现各种功能的一种机器，如图1-1所示。1954年，美国戴沃尔最早提出了机器人的概念，并申请了专利。该专利的创新点是借助伺服技术控制机器人的关节，利用人手对机器人进行动作示教，机器人能实现动作的记录和再现。这就是所谓的示教再现机器人，现有的机器人大多采用这种示教方式。

图 1-1　工业机器人

随着人类社会不断向着智能化方向发展，机器人应用研发领域也搭上了智能化时代迅猛发展的快速列车。至今，机器人诞生已有几十年的时间，但仍然没有一个统一的定义。其中一个重要原因就是机器人还在不断地发展，新的机型和新的功能还在不断涌现。国际上对工业机器人给出的定义不尽相同。

1）美国机器人工业协会（RIA）：机器人是一种用于移动各种材料、零件、工具或专用装置，通过程序动作来执行各种任务，并具有编程能力的多功能操作机（Manipulator）。

2）日本工业机器人协会：工业机器人是一种装备有记忆装置和末端执行装置，能够完成各种移动来代替人类劳动的通用机器。

3）国际标准化组织（ISO）：机器人是一种自动的、位置可控的、具有编程能力的多功能操作机；这种操作机具有几个轴，能够借助可编程操作来处理各种材料、零件、工具和专用装置，以执行各种任务。

4）国际机器人联合会（IFR）：工业机器人（Manipulating Industrial Robot）是一种自动控制的、可重复编程的（至少具有三个可重复编程轴）、具有多种用途的操作机。

以上为国际上机器人领域的一些权威机构对工业机器人的定义。工业机器人，顾名思义，是面向工业领域的多关节机械手或多自由度的机器装置，它能自动执行动作指令，并依靠自身动力和控制能力来实现各种功能。它可以通过人类指挥，按照预先设定的程序来执行某些特定的工作动作指令，当前不断发展的工业机器人还可以根据人工智能技术制定的程序指令行动。工业机器人具有可编程、拟人化和通用性等特点。

（2）工业机器人的发展史　1959年，乔治·德沃尔和约瑟·英格柏格发明了世界上第一台工业机器人，命名为Unimate（尤尼梅特，意思是"万能自动"），如图1-2所示。Unimate的功能和人手臂功能相似，机座上安装大臂，大臂可绕轴在机座上转动；大臂上伸出一个前臂，相对大臂可以伸出或缩回；前臂顶端是腕部，可绕前臂转动，进行俯仰和侧摇；腕部前面是手部（末端执行器）。Unimate重达2t，采用液压驱动。

1961年，Unimate在美国特伦顿的通用汽车公司安装运行，用于生产汽车的门、车窗摇柄、换挡旋钮及灯具固定架等。

1962年，美国机械与铸造公司（American Machine and Foundry，AMF）制造出了世界上第一台圆柱坐标型工业机器人，命名为Verstran（沃尔萨特兰，意思是"万能搬运"），如图1-3所示。同年，AMF制造的6台Verstran机器人应用于美国坎顿的福特汽车生产厂。

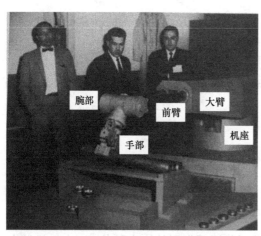

图1-2　第一台工业机器人 Unimate

图1-3　圆柱坐标型工业机器人 Verstran

1967年，一台Unimate机器人安装运行于瑞典，这是在欧洲安装运行的第一台工业机器人，如图1-4所示。

1969年，通用汽车公司在其洛兹敦装配厂安装了首台点焊机器人Unimate，如图1-5所示。Unimate机器人大大提高了生产率，大部分的车身焊接作业由机器人来完成，只有20%～40%的传统焊接工作由人工完成。

图1-4　Unimate机器人安装运行于欧洲　　　　图1-5　点焊机器人Unimate

1969年，挪威劳动力短缺期间曾使用机器人来喷涂独轮手推车，挪威Trallfa公司生产出了第一款商业化应用的喷涂机器人，如图1-6所示。

1968年，日本川崎重工业株式会社引进了Unimate公司的工业机器人技术，并于1969年成功开发了Kawasaki‐Unimate2000机器人，如图1-7所示，这是日本生产的第一台工业机器人。

图1-6　第一款商业化应用的喷涂机器人　　　图1-7　Kawasaki‐Unimate2000机器人

1973年，德国库卡（KUKA）公司将其使用的Unimate机器人研发改造成机电驱动的6轴机器人，命名为Famulus，如图1-8所示，这是世界上第一台机电驱动的6轴机器人。

1974年，美国辛辛那提米拉克龙（Cincinnati Milacron）公司开发出第一台小型计算机控制的工业机器人，命名为T3（The Tomorrow Tool），如图1-9所示，这是世界上第一次机器人和小型计算机的结合，T3采用液压驱动，有效负载达45kg。

1974年，瑞典ABB公司研发了世界上第一台全电控式工业机器人IRB6，如图1-10所示，主要应用于工件的取放和物料搬运。

图 1-8　第一台机电驱动的 6 轴机器人 Famulus

图 1-9　第一台由小型计算机控制的工业机器人 T3

1978 年，美国 Unimation 公司推出通用工业机器人 PUMA，如图 1-11 所示，这标志着工业机器人技术已经成熟。PUMA 至今仍然工作在工厂第一线。

图 1-10　第一台全电控式工业机器人 IRB6

图 1-11　通用工业机器人 PUMA

1978 年，日本山梨大学（University of Yamanashi）的牧野洋发明了选择顺应性装配机器手臂（Selective Compliance Assembly Robot Arm，SCARA），如图 1-12 所示。SCARA 机器人具有 4 个运动自由度，主要适用于物料装配和搬运。时至今日，SCARA 机器人仍然是工业生产线上常用的机器人。

到了 1980 年，工业机器人才真正在日本普及。随后，工业机器人在日本得到了快速发展。

以上是工业机器人发展的一些历史，20 世纪 80 年代之后机器人技术迅猛发展，工业机器人在工业生产中得到广泛应用。

图 1-12　选择顺应性装配
机器手臂（SCARA）

（3）工业机器人的分类

1）按臂部的运动形式分类。工业机器人按臂部的运动形式分为四种，如图 1-13 所示。

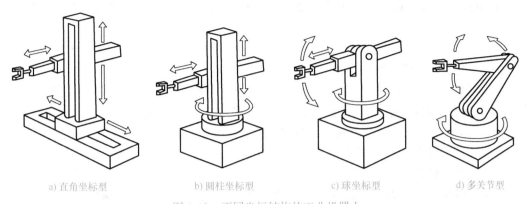

a) 直角坐标型　　　　b) 圆柱坐标型　　　　c) 球坐标型　　　　d) 多关节型

图 1-13　不同坐标结构的工业机器人

① 直角坐标型。直角坐标型工业机器人是指在工业应用中，能够实现自动控制的、可重复编程的、多功能的、多自由度的、运动自由度间成空间直角关系且多用途的操作机。它能够搬运物体、操作工具，以完成各种作业。

直角坐标型工业机器人的结构如图 1-13a 所示，这种机器人手部空间位置的改变是通过沿三个相互垂直的轴线的移动来实现的，即沿着 X 轴的纵向移动、沿着 Y 轴的横向移动及沿着 Z 轴的升降运动。

直角坐标型工业机器人的位置精度高，控制简单，无耦合，避障性好，但结构较庞大，动作范围小，灵活性差，难与其他机器人协调工作。

② 圆柱坐标型。圆柱坐标型工业机器人的结构如图 1-13b 所示，它通过两个移动和一个转动来实现手部空间位置的改变，机器人手臂的运动是由垂直立柱平面的伸缩和沿立柱的升降两个直线运动及手臂绕立柱的转动复合而成。圆柱坐标型工业机器人的位置精度仅次于直角坐标型，控制简单，避障性好，但结构也比较庞大，难与其他机器人协调工作，两个移动轴的设计比较复杂。

③ 球坐标型。球坐标型工业机器人又称为极坐标型工业机器人，如图 1-13c 所示，这类机器人的手臂的运动由一个直线运动和两个转动所组成，即沿 X 轴的伸缩、绕 Y 轴的俯仰和绕 Z 轴的回转。球坐标型工业机器人占地面积较小，结构紧凑，位置精度尚可，能与其他机器人协调工作，重量较轻，但避障性差，有平衡问题，位置误差与臂长有关。

④ 多关节型。多关节型工业机器人又称回转坐标型工业机器人，如图 1-13d 所示，这种工业机器人的手臂与人体上肢类似，其前三个关节是回转副。该工业机器人一般由立柱和大小臂组成，立柱与大臂间形成肩关节，大臂和小臂间形成肘关节，可使大臂做回转运动和俯仰摆动，小臂做仰俯摆动。其结构最紧凑，灵活性大，占地面积最小，能与其他工业机器人协调工作，但位置精度较低，有平衡问题，控制耦合，这种工业机器人应用越来越广泛。

2）按执行机构运动的控制机能分类。工业机器人按执行机构运动的控制机能可分为点位型和连续轨迹型。

① 点位型。点位型只控制执行机构由一点到另一点的准确定位，适用于机床上下料、点焊和一般搬运、装卸等作业。

② 连续轨迹。连续轨迹型可控制执行机构按给定轨迹运动，适用于连续焊接和涂装等作业。

3）按程序输入方式分类。工业机器人按程序输入方式分为编程输入型和示教输入型两类。

① 编程输入型。编程输入型是将计算机上已编好的作业程序文件，通过 RS232 串口或者以太网等通信方式传送到机器人控制柜。

② 示教输入型。示教输入型的示教方法有两种：一种是由操作者用手动控制器（示教操纵盒）将指令信号传给驱动系统，使执行机构按要求的动作顺序和运动轨迹操演一遍；另一种是由操作者直接操作执行机构，按要求的动作顺序和运动轨迹操演一遍。

示教输入型机器人在示教过程的同时，工作程序的信息即自动存入程序存储器中，在机器人自动工作时，控制系统从程序存储器中检出相应信息，将指令信号传给驱动机构，使执行机构再现示教的各种动作。示教输入程序的工业机器人又称为示教再现型工业机器人。

（4）工业机器人的典型应用　工业机器人一般用在机械制造业中替代人工来完成一些具有大批量、高质量要求的工作，如在汽车、摩托车、船舶等制造业，电视机、电冰箱、洗衣机等家电产品生产及化工等行业的自动化生产线中，完成电焊、弧焊、喷漆、切割、电子装配及物流系统的搬运、包装、码垛等作业。

图 1-14 所示为工业机器人集中体现的 5 个典型应用领域。

1）机器人焊接应用占 29%，主要包括汽车行业中使用的电焊和弧焊。许多加工车间逐步引入焊接机器人，用来实现自动化焊接作业。

2）机器人喷涂应用占 4%，喷涂机器人主要从事涂装、点胶及喷漆等工作。

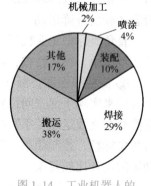

图 1-14　工业机器人的应用领域

3）机器人搬运应用占 38%，目前搬运仍然是机器人的第一大应用领域，许多自动化生产线需要使用机器人进行上下料、搬运以及码垛等操作，随着协作机器人的兴起，搬运机器人的市场份额逐年提升。

4）机器人装配应用占 10%，装配机器人主要应用于零部件的安装、拆卸以及修复等工作。

5）机械加工应用占 2%，机械加工机器人主要应用于零部件铸造、激光切割以及水射流切割。

以下介绍几种典型应用机器人。

① 搬运机器人。搬运机器人的用途很广泛，一般只需要点位控制，即被搬运工件无严格的运动轨迹要求，只要求起始点和终点的位置准确。

② 检测机器人。零件制造过程中的检测以及成品检测都是保证产品质量的关键。检测机器人的工作内容主要是确认零件尺寸是否在允许的公差范围内，或者控制零件按质量进行分类。例如，油管接头螺纹加工完毕后，将环规旋进管端，通过测量旋进量或检测与密封垫的接触程度即可了解接头螺纹的加工精度。油管接头工件较重，环规的质量一般也都超过15kg，为了能完成螺纹检测任务的连续自动化动作（如环规自动脱离、旋进自动测量等），需要油管接头螺纹检测机器人。该机器人是六轴多关节机器人，它的特点在于其手部机构是一个五自由度的柔顺螺纹旋进部件。另外，它还有一个卡死检测部件，能对螺纹旋进动作加

以控制。

③ 焊接机器人。焊接机器人是目前应用最广泛的一种机器人，它又分为点焊和弧焊两类。点焊机器人负载大、动作快，工作的位姿要求严格，一般有6个自由度。弧焊机器人负载小、速度低，弧焊对机器人的运动轨迹要求严格，必须实现连续路径控制，即在运动轨迹的每个点都必须实现预定的位置和姿态要求。

弧焊机器人的6个自由度中，一般3个自由度用于控制焊具跟随焊缝的空间轨迹，另外3个自由度保持焊具与工件表面有正确的姿态关系，这样才能保证良好的焊缝质量。目前汽车制造厂已广泛使用焊接机器人进行承重大梁和车身的焊接。

④ 装配机器人。装配机器人要求具有较高的位姿精度，手腕具有较好的柔性。因为装配是一个复杂的作业过程，不仅要检测装配作业过程中的误差，而且要纠正这种误差。因此，装配机器人采用了许多传感器，如接触传感器、视觉传感器、接近传感器及听觉传感器等。

⑤ 喷涂机器人。喷涂机器人多用于喷涂生产线上，其重复定位精度不高。另外由于漆雾易燃，驱动装置必须防燃防爆。

2. 拓展知识

世界四大工业机器人厂商分别是 ABB、FANUC（发那科）、KUKA（库卡）、Yaskawa（安川）。我国工业机器人厂商主要有沈阳新松、安徽埃夫特、广州数控等。

1）"四大家族"工业机器人。

① ABB 工业机器人。ABB 六自由度 IRB4400 机器人本体（串联型本体）如图 1-15 所示。ABB 四自由度 SCARA 机器人本体（串联型本体）如图 1-16 所示。

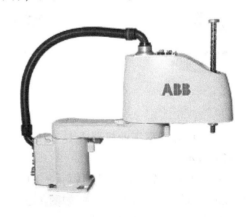

图 1-15　ABB 六自由度 IRB4400 机器人本体　　　图 1-16　ABB 四自由度 SCARA 机器人本体

ABB IRB360 机器人本体（并联型本体）如图 1-17 所示。

ABB 双臂工业机器人 IRB14000 YuMi 机器人本体（串联型双臂本体）如图 1-18 所示。

② FANUC（发那科）工业机器人。FANUC 六自由度 R-2000iB 机器人本体（串联型本体）如图 1-19 所示。

FANUC 并联型工业机器人 M-1iA 和 M-3iA 机器人本体（并联型本体）如图 1-20 所示。

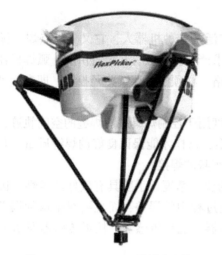

图 1-17　ABB IRB360 机器人本体

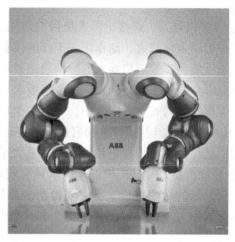

图 1-18　ABB IRB14000 YuMi 机器人本体

图 1-19　FANUC 六自由度
R－2000iB 机器人本体

a) M－1iA

b) M－3iA

图 1-20　FANUC 并联型
工业机器人本体

FANUC 并联型工业机器人 F－200iB 本体（并联型本体）如图 1-21 所示。

③ KUKA（库卡）工业机器人。KUKA 六自由度工业机器人 KR300PA 本体（串联型本体）如图 1-22 所示。KUKA 四自由度工业机器人 SCARA 本体（串联型本体）如图 1-23 所示。

④ Yaskawa（安川）工业机器人。Yaskawa 六自由度工业机器人 EPH130D 机器人本体（串联型本体）如图 1-24 所示。

Yaskawa 并联型工业机器人如图 1-25 所示。

Yaskawa 串联型双臂工业机器人如图 1-26 所示。

2）我国主流品牌工业机器人。

① 沈阳新松工业机器人。如图 1-27 和图 1-28 所示。

图 1-21　FANUC 并联型
工业机器人 F－200iB 本体

图1-22 KUKA 六自由度工业机器人 KR300PA 本体

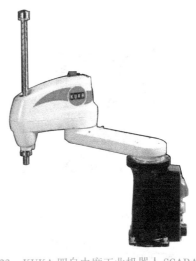

图1-23 KUKA 四自由度工业机器人 SCARA 本体

图1-24 Yaskawa 六自由度工业机器人 EPH130D 本体

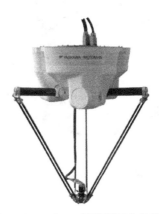

图1-25 Yaskawa 并联型工业机器人

a) SDA10D b) SDA20D

图1-26 Yaskawa 串联型双臂工业机器人

图 1-27 沈阳新松工业机器人

图 1-28 沈阳新松工业机器人产线

② 安徽埃夫特工业机器人。如图 1-29 和图 1-30 所示。

图 1-29 安徽埃夫特工业机器人

图 1-30 安徽埃夫特工业机器人产线

③ 广州数控工业机器人。如图 1-31 和图 1-32 所示。

图 1-31 广州数控工业机器人

图 1-32 广州数控工业机器人产线

◇ **任务拓展**

登录各主流品牌机器人公司网站,查阅工业机器人更多的相关资料,查询最新的产品型号,并比较产品的特点、类型和应用领域。查阅完成后,分组进行讨论和总结,各小组派代表进行汇报,介绍本小组讨论和总结的内容。

任务2 了解工业机器人的基本组成与结构

◇ **任务描述**

熟悉工业机器人的功能结构,了解工业机器人系统组成及主要接线方式等,为后续项目的学习奠定基础。

◇ **任务目标**

1)熟悉工业机器人的功能结构及工业机器人系统组成。

2)了解工业机器人的安全操作知识。

工业机器人基本组成

◆ **相关知识**

1. 基本知识

(1)工业机器人的基本组成 工业机器人系统主要由工业机器人本体、控制柜、示教器、配电箱和连接电缆组成,其中连接电缆主要有电源电缆、示教器电缆、控制柜电缆和编码器电缆,如图1-33所示。

(2)硬件结构

1)工业机器人本体。六轴机器人的本体是一种具有和人手臂相似的动作功能,可在空间抓放物体或执行其他操作的机械装置,通常包括传动部件、机身、手臂、手腕和末端执行器。

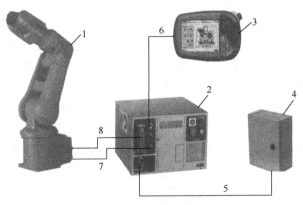

图1-33 工业机器人基本组成
1—工业机器人本体 2—控制柜 3—示教器 4—配电箱
5—电源电缆 6—示教器电缆 7—编码器电缆 8—控制柜电缆

传动部件包括各种驱动电动机、减速器、齿轮、轴承、传动带等部件。末端执行器是机器人直接执行工作的装置,可安装夹持器工具、传感器等,夹持器又可分为机械夹紧、真空抽吸、液压夹紧、磁力吸附等。手腕是连接手臂和末端执行器的部件,用于调整末端执行器的方位和姿态。手臂是支撑手腕和末端执行器的部件,它由动力关节和连杆组成,用来改变末端执行器的空间位置。机身又称机座,是整个工业机器人的支持部分,具有一定的刚度和稳定性,分为固定式和移动式两类,若机座不具备行走功能,则构成固定式工业机器人;若机座具备移动机构,则构成移动式工业机器人。

六轴机器人的本体由 6 个轴组成，每一轴有对应的电动机对单轴进行移动操作，每个轴的电动机由控制系统中的驱动器来驱动，工业机器人通过 6 个电动机相互配合，来完成各种动作，实现工业机器人对工件的加工移动、装载等功能，如图 1-34 所示。

2）控制柜。工业机器人的控制柜作为工业机器人最核心的零部件之一，集成了工业机器人的控制系统和驱动系统，

A	电动机轴6
B	电动机轴5
C	电动机轴4
D	电缆线束
E	电动机轴3
F	电动机轴2
G	底座及线缆接口
H	电动机轴1

图 1-34　六轴工业机器人

对工业机器人的性能起着决定性的影响，在一定程度上影响着工业机器人的发展。

工业机器人控制系统是机器人的大脑，支配机器人按规定的程序运动，并记忆人们给予的指令信息（如动作顺序、运动轨迹、运动速度等），同时按其控制系统的信息控制执行机构按规定执行动作。工作过程中，根据需要使工业机器人从一个位置到达另一个位置，操作过程中无需对工业机器人的 6 个电动机进行直接操作，机器人控制系统会根据算法对各个电动机的动作进行实时计算，再通过对电动机的控制实现机器人运动。在此过程中，对机器人 6 个电动机的运动控制十分复杂，通过控制器中的控制系统对其进行计算，整个过程运行是否顺畅以及能否到达指定位置，取决于机器人控制器中的控制系统，因此控制系统的强大与否决定着机器人运动过程的质量高低。ABB 机器人的控制器，具有自主知识产权的控制系统，计算功能强大，运算速度快。ABB 机器人在运动过程中较少出现不可到达点，运动顺畅，响应速度快，精度高。

驱动系统是按照控制系统发出的控制指令将信号放大，驱动执行机构运动的传动装置，常用的有电气、液压、气动和机械 4 种驱动方式，有些机器人也采用这些驱动方式的组合，如电液混合驱动和气液混合驱动等驱动方式。以 IRB120 机器人为例，该控制器采用的是伺服电动机驱动，驱动系统中装有 6 个伺服驱动器，6 个伺服驱动器分别对应机器人本体中的 6 个电动机，伺服驱动器接收控制系统发出的控制指令，通过预先设定好的参数和功能，按照指令的要求对 6 个电动机进行控制，从而控制机器人完成指定的动作和功能。

ABB 机器人控制柜大致可分为两类：图 1-35 所示为一般 ABB 机器人控制柜，其中包含了控制系统和驱动系统；另一类为紧凑型 ABB 机器人控制柜，具有占地面积小、结构紧凑、造价低的优点。

3）示教器。除了工业机器人本体和控制柜外，工业机器人系统的另外一个重要组成部分为示教器。示教器主要用于工业机器人的手动操作、程序编写、参数配置以及监控手持装置，以完成人机交互。工业机器人操作人员通过示教器来发送指令，实现对工业机器人的运动控制、程序编写、系统调试等。各厂商对于示教器的外形设计有所不同，ABB 机器人的示教器如图 1-36 所示。

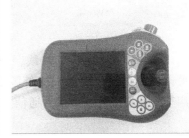

图1-35　ABB机器人控制柜　　　　　　图1-36　ABB机器人示教器

（3）常用连接线缆　工业机器人使用的连接电缆主要有动力线、电动机控制信号线、示教器电缆、控制柜电源电缆和I/O信号线。其中控制柜电源电缆用于给工业机器人控制柜提供220V交流电源；示教器电缆用于连接示教器和控制柜；I/O信号线用于连接工业机器人的外围设备和控制柜。

工业机器人
系统组装

1）动力线。动力线可以将控制柜与机器人本体连接起来，为机器人本体上的电动机提供动力，如图1-37所示。

2）电动机控制信号线。电动机控制信号线可以将控制柜与机器人本体连接起来，实时监控机器人本体上电动机的运动状态，一般传输转数计数器内数据，如图1-38所示。

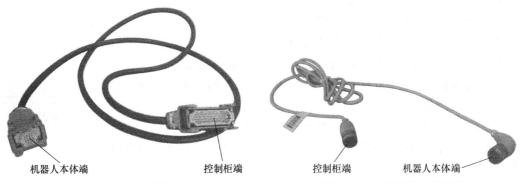

机器人本体端　　　　　　控制柜端　　　　控制柜端　　　机器人本体端
图1-37　动力线　　　　　　　　　　图1-38　电动机控制信号线

3）示教器电缆。示教器电缆线可以将控制柜与示教器连接起来，如图1-39所示，为示教器供电的同时，完成两者之间的信号与数据传输。平时在示教器上的操作，最终都将通过示教器电缆传输给控制柜，控制柜再驱动机器人本体进行动作。同样，机器人本体的运行状态也将通过控制柜传输给示教器，并在示教器上显示。

4）控制柜电源电缆。控制柜电源电缆如图1-40所示，可以将控制柜连入电网，再通过控制柜为整个机器人系统供电。实际使用时要根据实际情况制作控制柜电源电缆，并选择合适的电源。例如，紧凑式IRC5控制柜的电源电缆可以直接接入220V交流电网，但一体式和分体式IRC5控制柜则可能需要接入380V三相交流电网。

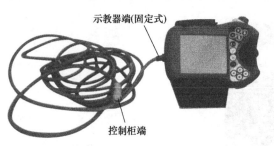

图1-39　示教器电缆

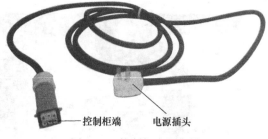

图1-40　控制柜电源电缆

5）I/O信号线。I/O信号线，如图1-41所示，可以将控制柜与机器人的外围设备连接起来，用于与外界进行I/O信号通信。

图1-41　I/O信号线

2. 拓展知识

（1）常用安全护具　工业机器人应用编程人员应正确穿戴相应的安全护具，以减少意外带来的伤害。工业机器人应用编程人员常用的安全护具包括安全帽、工作服、劳保鞋及防护眼镜等。

1）安全帽。安全帽是指对人的头部受坠落物及其他特定因素引起的伤害起防护作用的帽子。安全帽由帽壳、帽衬、下颌带及附件等组成。

2）工作服。工作服是为工作需要而特制的服装，也是企业员工统一穿着的服装。工业机器人应用编程人员在操作工业机器人时，需正确穿戴工作服；穿着合身的工作服，束紧领口、袖口和下摆，内衣物不外露，裤管需束紧，不得翻边。

3）劳保鞋。劳保鞋是一种对足部有安全防护作用的鞋子。工业机器人应用编程人员应根据工作环境的危害性质和危害程度选用劳保鞋。

4）防护眼镜。防护眼镜是个体防护装备中重要的组成部分。防护眼镜是一种特殊型眼镜，它是为防止放射性、化学性、机械性和不同波长的光损伤而设计的。

（2）安全操作

1）关闭总电源。在进行机器人的安装、维修和保养时切记要将总电源关闭。带电作业可能会产生致命性后果。如不慎遭高压电击可能会导致心脏停搏、烧伤或其他严重伤害。

ABB 机器人
安全操作

2）与机器人保持足够的安全距离。在调试与运行机器人时，它可能会执行一些意外的或不规范的运动，从而严重伤害个人或损坏机器人工作范围内的其他设备，所以应时刻警惕与机器人保持足够的安全距离。

3）做好静电放电防护。ESD（静电放电）是电动势不同的两个物体间的静电传导，它可以通过直接接触传导，也可以通过感应电场传导。搬运部件或部件容器时，未接地的人员可能会传导大量的静电荷。这一放电过程可能会损坏敏感的电子设备。所以在有静电放电危险标识的情况下，要做好静电放电防护。

4）紧急停止。紧急停止优先于任何其他机器人控制操作，它会断开机器人电动机的驱动电源，停止所有运转部件，并切断由机器人系统控制且存在潜在危险的功能部件的电源。

出现下列情况时应立即按下紧急停止按钮：一是机器人运行中，工作区域内有工作人员；二是机器人伤害了工作人员或损伤了机器设备。

5）灭火。发生火灾时，应确保全体人员安全撤离后再行灭火。应首先处理受伤人员。当电气设备（例如机器人或控制器）起火时使用二氧化碳灭火器，切勿使用水或泡沫灭火器。

6）工作中的安全。机器人速度慢，但是很重并且力度很大。运动中的停顿或停止都会产生危险。即使可以预测运动轨迹，但外部信号有可能改变操作，会在没有任何警告的情况下，产生料想不到的运动。因此，当进入安全保护空间时，务必遵循所有的安全条例。

7）手动模式下的安全。在手动减速模式下，机器人只能减速（250mm/s 或更慢）操作（移动）。只要在安全保护空间之内工作，就应始终以手动速度进行操作。手动全速模式下，机器人以程序预设速度移动。手动全速模式仅用于所有人员都位于安全保护空间之外时，而且操作人员必须经过特殊训练，深知潜在的危险。

8）自动模式下的安全。在自动模式下，常规模式停止（GS）机制、自动模式停止（AS）机制和上级停止（SS）机制都处于活动状态。

◆◇ 任务拓展

分小组对工业机器人本体和控制柜进行连接。列写在进行控制柜和机器人本体的连接前，需要完成哪些准备工作、具体连接操作步骤有哪些、测试工作如何进行。

任务3 RobotStudio 软件的使用

◆◇ 任务描述

全面了解 RobotStudio 软件的使用方法，并在该仿真软件中创建一个名为"abbsystem"、型号为 IRB1600、延伸到达 1.2m 的 ABB 机器人系统。

◆◇ 任务目标

1）熟悉 RobotStudio 机器人仿真软件。
2）熟练搭建机器人工作站，完成机器人拖拽和工程备份。

RobotStudio 认知

◆◇ 相关知识

1. 基本知识

（1）RobotStudio 软件　为提高生产率，降低购买与实施机器人解决方案的总成本，ABB 机器人使用 RobotStudio 作为机器人仿真软件，该软件适用于机器人寿命周期各阶段的软件产品家族。图 1-42 所示为该软件的基本界面。其中，第一行是菜单栏，包括建模、仿真和离线等功能栏；左侧第一列为子菜单栏，列举各个菜单栏的具体功能；用户界面是用户操作的主界面，可以建立空的机器人工作站。

该软件不仅可以用于动画仿真，还集成了编程、构建工作站、路径自动生成等众多功能，编程功能如图 1-43 所示。

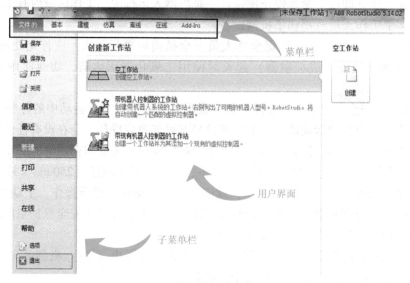

图 1-42　软件基本界面

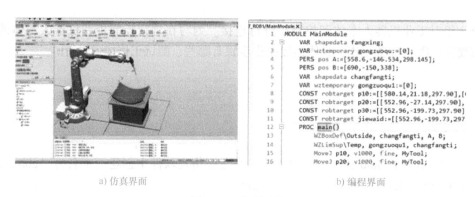

a) 仿真界面　　　　　　　　　　　　　　　　b) 编程界面

图 1-43　编程功能

　　该功能可获得机器人的权限实现在线编程，也可实现离线编程然后将程序下载到真实的机器人中。

　　除此之外，RobotStudio 软件可以构建工作站，并且模拟真实场景，测量节拍时间，这样工作人员就可以在办公室测试整个工作站流水线。构建工作站时，RobotStudio 软件支持CAD、UG、SW 等软件模型，导入 IGES、VRML、CATIA、SAT、VDAFS 等格式，模拟真实场景示意图如图 1-44 所示。

　　RobotStudio 的路径自动生成是机器人编程的重要应用。一些不规则的轨迹，通常人为示教比较麻烦，并且效率低，此时可以使用路径自动生成功能，把生成好的路径下载到真实机器人中，大大提高效率，如图 1-45 所示。

　　除了离线编程，在线作业也是十分重要的一种功能。使用 RobotStudio 软件与真实的机器人进行连接通信，可以实现监控机器人、程序的修改、参数的设定、文件的传送、程序的备份与恢复等功能，如图 1-46 所示。除此之外 RobotStudio 提供了二次开发功能，使工作人员更方便地调试机器人以及更加直观地观察机器人的生产状态。

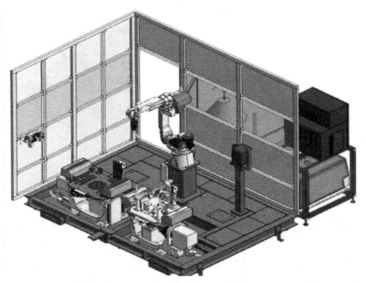

图 1-44　模拟真实场景

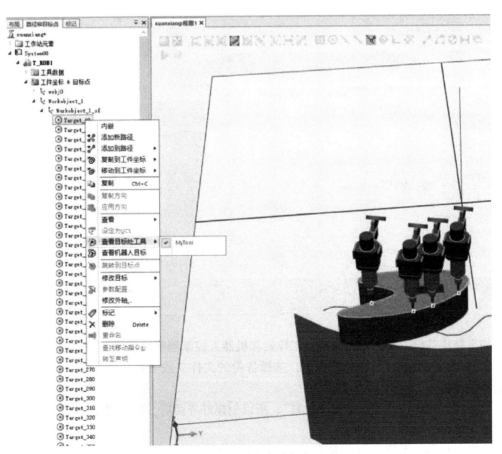

图 1-45　路径自动生成

建立工业
机器人系统

图 1-46　在线作业

（2）机器人系统的搭建　在了解机器人仿真软件 RobotStudio 的基本功能之后，需要利用该软件创建机器人系统。如果是完全新建系统，选择"新建"→"空工作站"或者"工作站和机器人解决方案"菜单命令，如果选择"空工作站"，则直接单击"创建"，进入系统后再选择机器人型号，保存时确认路径和工程名（解决方案名）；如果选择"工作站和机器人解决方案"，那么就要选择好机器人型号和工程名，如图 1-47 所示。

图 1-47　建立空工作站

如果是从备份中创建，则选择"工作站和机器人控制器解决方案"，然后单击"从备份创建"，在对应的右侧 ⬚ 图标处单击，选择备份的文件夹或者备份的压缩文件，选择完毕单击"创建"。

此处我们选择"空工作站解决方案"，所以创建好界面后，可以根据需要选择机器人型号和导入模型，如图 1-48 所示。

选择"机器人系统"→"从布局"，然后设定系统名称、位置和 RobotWare 版本，如图 1-49 所示。除了名称之外，其他项一般默认就可以。一直单击"下一个"到"系统选项"，单击"选项"，在选项窗口的左侧选择系统的配置内容，如通信总线、语言及其他功能等等。选择好后单击"确定"，再单击"完成"，就开始创建系统。直到右侧的"控制器状态"变成绿色，系统就建好了。

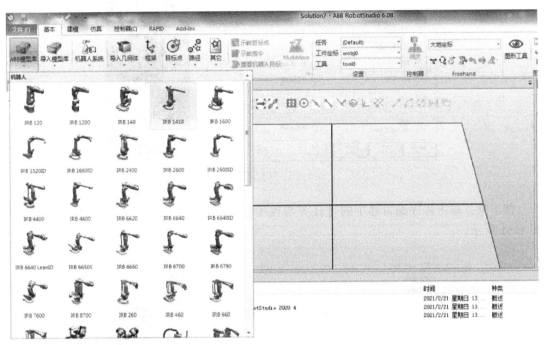

图1-48　机器人模型导入

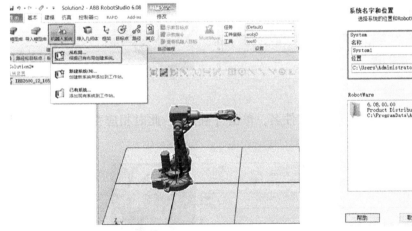

图1-49　从布局设定

2. 拓展知识

程序备份和恢复

在创建完机器人系统之后，需要将建立的系统进行备份，避免操作人员对机器人工程误删除而带来的麻烦，程序备份的对象是运行于RAPID内的系统。如图1-50所示，单击示教器中的菜单，选择【程序编辑器】。

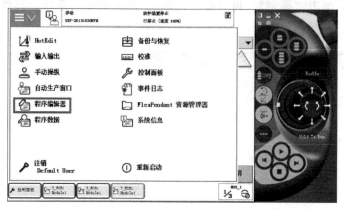

图 1-50　程序编辑器

接下来，单击程序编辑器中的【任务与程序】，在该界面中单击【另存程序为…】，如图 1-51 所示。

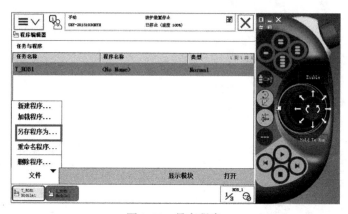

图 1-51　另存程序

选择备份文件所在的文件夹，设定文件名，单击【确定】，此时相应存储文件夹会生成 ∗.pgf 文件，如图 1-52 所示。

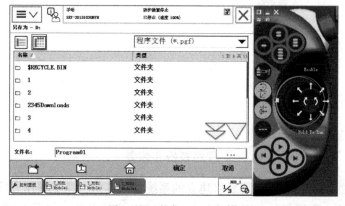

图 1-52　生成 ∗.pgf 文件

至于恢复程序，可以单击图1-51中的【加载程序…】，找到对应的＊.psg文件即可。

◇◇ **任务实施**

1）因为是完全新建系统，这里选择"空工作站解决方案"，将"解决方案名称"改为"systemabb"，位置选择"D：\abb"，单击"创建"，如图1-53所示。

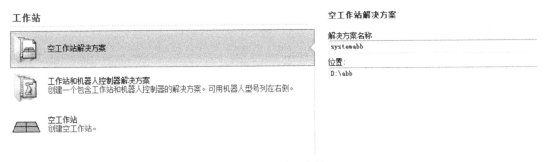

图1-53 创建工作站

2）创建完系统界面之后，单击"ABB模型库"，选择型号IRB1600，"容量"选择"6kg"，"到达"选择"1.2m"，单击"确定"，如图1-54所示。

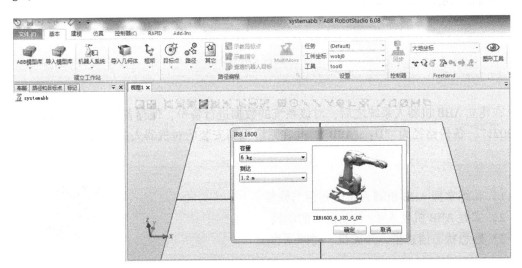

图1-54 创建机器人模型

3）选择"机器人系统"→"从布局"，单击【下一个】直到系统完成创建，之后等待右下角控制器呈绿色即可，如图1-55所示。

4）运行调试。

① 将机器人系统在示教器中切换到手动控制模式。

② 在【菜单】中单击【手动操纵】，【运动模式】选择"线性"，【坐标系】选择"基坐标"。

③ 单击【Enable】，使机器人处于电动机上电状态，然后单击上下左右各箭头，观察机器人是不是跟随运动。

图 1-55 机器人从布局

◆◇ **任务拓展** _____

在 RobotStudio 仿真软件中创建一个系统名为"robotsystem"、型号为 IRB2600、延伸到达 1.65m 的 ABB 机器人系统。

任务 4   ABB 工业机器人系统设定

◆◇ **任务描述** _____

在建立 ABB 机器人系统之后，对该系统的数据进行备份，保存备份文件夹名称为"system2021"，备份路径为"D：/ABB"，并在系统重新安装后对机器人进行数据恢复。

◆◇ **任务目标** _____

1）熟练掌握 ABB 机器人系统备份与恢复。
2）掌握 ABB 机器人手/自动模式的切换。
3）熟悉状态信息栏、开关机、时间语言。

ABB 机器人系统备份与恢复

◆◇ **相关知识** _____

1. 基本知识

（1）对 ABB 机器人系统进行备份操作　定期对 ABB 机器人的系统数据进行备份，是保证机器人能够顺利完成日常工作的必要措施。ABB 机器人系统备份的对象是所有正在系统内运行的 RAPID 程序和系统参数。当工业机器人系统出现错乱或者重新安装新系统后可以快速地把工业机器人恢复到备份时的状态。

打开示教器之后，单击【主菜单】，然后选择【备份与恢复】，如图 1-56 所示。

单击【备份当前系统…】，进入系统备份界面；若单击【恢复系统】，则可恢复系统数据，如图 1-57 所示。

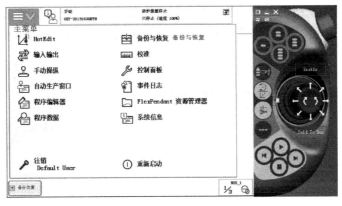

图 1-56 备份与恢复界面（一）

图 1-57 备份与恢复界面（二）

进入系统备份界面后，单击【ABC…】按钮，设定存放备份数据名称；单击【…】按钮，设置备份存放的位置，最后单击【备份】进行备份操作，等待备份完成，如图 1-58 所示。

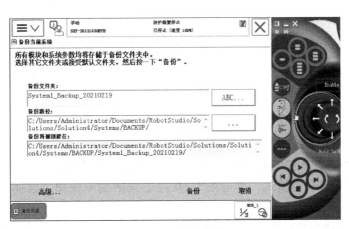

图 1-58 系统备份界面

ABB 工业机器人系统恢复与系统备份类似，单击【恢复系统…】，然后单击【…】选择备份存放的目录，单击【恢复】即可恢复备份前的系统数据，如图 1-59 所示。

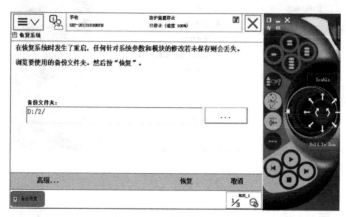

图 1-59　系统恢复界面

进行恢复时应该注意在 ABB 机器人系统中存在唯一的备份数据，不能将机器人 A 的数据恢复到新的机器人系统上去，否则会造成系统故障。但是可以将程序和 I/O 定义成通用的，通过分别导入程序和 EIO 文件来解决实际问题。

（2）工业机器人手/自动模式切换　机器人的控制模式分为手动模式和自动模式，其中手动模式可以利用示教器遥感控制机器人运动，自动模式则完全根据系统 RAPID 中的程序自动运行，运行过程中不能人为干预。下面介绍如何切换手动和自动这两种控制模式。

通常工业机器人是六轴机器人，由六个电动机分别控制六个轴。因此手动控制机器人可以按照运动的形式不同，分为三种模式：单轴运动、线性运动和重定位运动，下面先来介绍如何实现手动控制。机器人控制柜上手/自动模式切换的标志如图 1-60 所示。

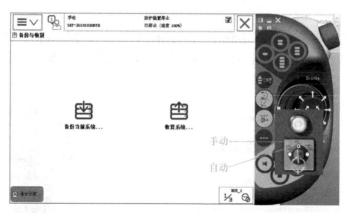

图 1-60　机器人手/自动模式切换

将控制柜上的机器人控制模式切换到手动限速状态（小手状态），然后在上面的状态栏确认系统已经切换到手动模式，单击图 1-60 左上角的菜单按钮，选择【手动操纵】，如图 1-61 所示。

然后选择【手动操纵】中的【运动模式】，分别选择单轴运动、线性运动和重定位运动，然后按下使能按钮，进入电动机起动状态，在状态栏中确认电动机起动状态，并显示当前的手动控制模式。

若要变换到自动控制模式，需要在控制柜上将机器人控制模式切换到自动模式。单击菜单按钮，选择【程序编辑器】，单击使能按钮，给机器人上电，然后单击图1-62中的自动启动按钮，机器人会根据程序指针自动启动运行。

图1-61　手动操纵

图1-62　自动模式切换

2. 拓展知识

（1）信息状态　在操作机器人的过程中，可以通过机器人的状态栏显示机器人相关信息，如机器人控制模式（手动、全速手动和自动）、机器人的系统信息、机器人电动机状态、程序运行状态及当前机器人或外周的使用状态，如图1-63所示。

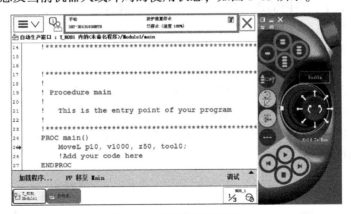

图1-63　机器人状态显示

ABB机器人
状态信息栏

除此之外，机器人的信息和日志的查询也可以通过单击主菜单下的【事件日志】实现，事件日志可以记录机器人运行过程中包括启动、停止、故障等各阶段的具体事件，如图1-64所示。

（2）开关机　机器人实际操作的第一步就是掌握机器人系统的开关机操作，了解机器人系统开关机操作的注意事项，保证机器人安全稳定地运行至关重要。

机器人实际开机操作过程中，只需要将机器人总电源按钮由【OFF】拨转到【ON】，如图1-65所示。

ABB机器人
启动与关机

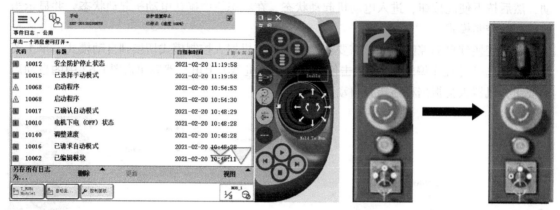

图 1-64 事件日志　　　　　　　　　　图 1-65 机器人开机示意图

1）在打开机器人之前，需要做好以下准备工作：

① 开机操作前需要对设备进行检查及作业场地视察，设备的防护罩、配电装置、继电保护、接地等安全措施确保齐全可靠，若不符合安全要求，不准使用。

② 确定设备运行中所需的共用动力供给正常，包括电、压缩空气等。

③ 检查各气柜的开关状态，确保机器人的防爆状态正常，确保机器人的气源压力供给无误。

④ 检查控制柜"E-停止"是否按下，复位所有急停。

完成机器人操作或维修时，需要关闭机器人系统。与开机操作类似，关闭机器人系统，只需将机器人控制柜上总电源旋钮从【ON】拨转为【OFF】即可。

2）在停机时需要注意一些具体事项：

① 在自动模式下，关闭输送链运行指示灯按钮，确保输送链不运输。

② 在自动模式下，关闭电动机的上电按钮，确保机器人不运行。

③ 若在自动模式下，需要将机器人模式切换到手动模式下。

④ 手动模式下，将机器人状态切换到 BYPASS。

（3）时间语言　ABB 机器人的示教器在出厂时默认语言是英语，为了方便操作，通常可以将显示语言转变为中文，接下来我们介绍语言的切换操作。

在切换语言之前，需确保当前的控制模式为手动模式。选择菜单栏，单击【Control Panel】，如图 1-66 所示。

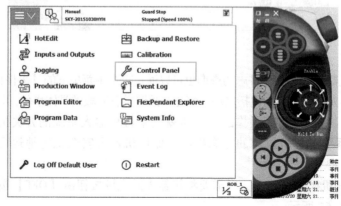

ABB 机器人
时间语言设定

图 1-66 控制面板

然后单击【Language】，会出现语言选择按钮，如图 1-67 所示。

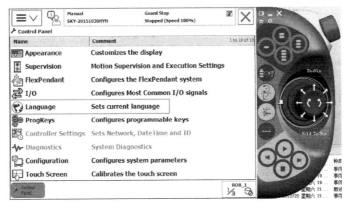

图 1-67 语言选择按钮

最后会显示所有系统支持的语言，单击【Chinese】，单击【OK】即可，如图 1-68 所示。

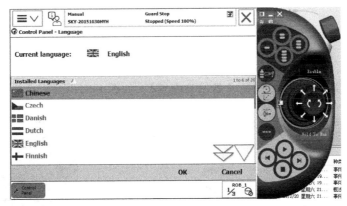

图 1-68 切换中文示意图

针对机器人系统的时间设置，也需要在控制面板中设置。与图 1-66 类似，单击【Control Panel】，然后单击【控制器设置】，如图 1-69 所示。

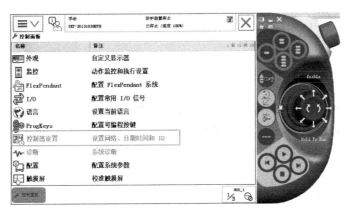

图 1-69 控制器设置示意图

进入控制面板界面后，单击【控制器设置】，在弹出来的窗口中，即可手动设置系统日期和时间，如图1-70所示。

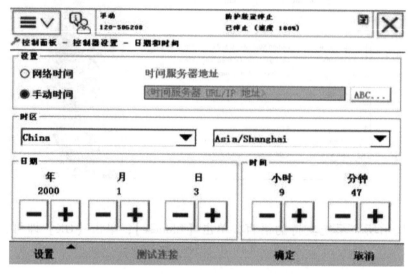

图1-70　设置系统日期和时间

◇◇ 任务实施

1）单击【主菜单】，然后选择【备份与恢复】，如图1-71所示。

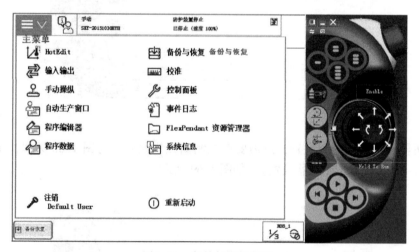

图1-71　备份与恢复选项

2）选择【备份当前系统…】选项，如图1-72所示。

3）单击【ABC…】，将备份文件夹的名称改为"System_2021"；单击【…】，将存储位置设为"D：/Temp/"，然后单击【备份】按钮，即可实现对整个系统的备份工作，如图1-73所示。

接下来就可以在D盘找到相关备份文件，如图1-74所示。

图1-72 备份系统

图1-73 备份设置

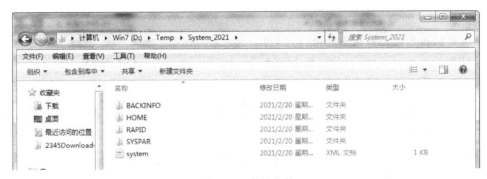

图1-74 备份文件

任务拓展

建立一个型号为IRB1600的机器人系统，利用示教器将该机器人系统进行备份，备份文件的名称为"System_test_2021"，备份位置为"D：/ABB/"，并利用此备份文件在新的系统上进行恢复。

思考与练习

一、填空题

1. 机器人按照应用环境划分，可分为（ ）和（ ）。

2. 1959年，乔治·德沃尔和约瑟·英格柏格发明了世界上第一台工业机器人，命名为（ ）。

3. 1974年，美国辛辛那提米拉克龙（Cincinnati Milacron）公司开发出第一台小型计算机控制的工业机器人，命名为（ ）。

4. 1974年，瑞典ABB公司研发了世界上第一台全电控式工业机器人（ ），主要应用于工件的取放和物料搬运。

5. 工业机器人在汽车及其零部件的制造上应用广泛，典型的有冲压、（　　　）、切割、（　　　）等工艺环节。

6. 全球机器人市场主要分布在（　　　）、韩国、日本、（　　　）和德国这五个国家，这五个国家占据了全球机器人的3/4市场。

二、判断题

1. 直角坐标型工业机器人的工作方式主要是沿着 X、Y、Z 轴的线性运动。（　　　）

2. 一台直角坐标型工业机器人仅限于三个自由度。（　　　）

3. SCARA 是一种圆柱坐标型工业机器人。（　　　）

4. 7 轴机器人又称 7 自由度冗余机器人，因此冗余自由度是没用的。（　　　）

5. 多传感器融合技术应用于机器人，可实现机器人在障碍物环境下的智能导航。（　　　）

6. 多机器人系统通过任务分配、路径规划、信息传递等手段，可以完成单机器人无法完成的复杂任务。（　　　）

三、选择题

1. 工业机器人四大家族不包括（　　　）。

A. ABB　　　　　　　　　　B. KUKA　　　　　　　　　　C. EPSON

2. 工业机器人四大家族包括（　　　）。

A. GSK　　　　　　　　　　B. SIASUN　　　　　　　　　　C. FANUC

3. 沈阳新松的商标是（　　　）。

A. EFORT　　　　　　　　　B. SIASUN　　　　　　　　　　C. GSK

4. 安徽埃夫特的商标是（　　　）。

A. EFORT　　　　　　　　　B. SIASUN　　　　　　　　　　C. GSK

5. 广州数控的商标是（　　　）。

A. EFORT　　　　　　　　　B. SIASUN　　　　　　　　　　C. GSK

四、简答题

1. 工业机器人系统由哪几部分组成？

2. 简述工业机器人的特点。

3. 机器人的典型应用有哪些？

4. 简述喷涂机器人的主要优点。

5. 简述工业机器人的发展历史。

6. 简述工业机器人仿真软件 RobotStudio 的功能。

7. 简述 ABB 机器人在 RobotStudio 中构建机器人系统的过程。

8. 请描述手动操纵菜单的主要功能。

9. 简述将机器人关机时需要注意的事项。

项目2

ABB机器人手动操作

随着制造强国国家战略的提出，工业机器人技术的应用领域愈发广泛，涉及工业生产和人民生活的方方面面。在工业机器人技术的应用过程中，在系统开发、系统安装、系统调试、生产运行、系统维护各阶段里，工业机器人手动操作都是一项基本技能。本项目通过学习ABB机器人单轴运动、线性运动和重定位运动三种模式的手动操作方法，掌握ABB机器人的基本操作方法，熟悉ABB机器人的运动模式，控制机器人实现运行过程中的各种动作，从而达到机器人应用过程中对于机器人手动操作的要求。

任务1　手动操作机器人单轴运动

◇◇ 任务描述

正确应用示教器，通过手动操作界面控制机器人各轴运动，熟练掌握ABB机器人单轴运动的操作方法。正确手持示教器，掌握使能按键和摇杆的操作技巧，通过手动操作界面正确切换工作轴，按顺序切换机器人的1-6轴，分别操作机器人的各轴进行单轴运动，要求机器人到达各轴角度［0°，0°，0°，0°，90°，0°］的位置，上下误差在0.1°范围内，操作过程不出现误动作和碰撞等现象，符合安全操作的要求。

◇◇ 任务目标

1）了解ABB机器人示教器的手动操作界面和基本功能。
2）掌握ABB机器人示教器的使用方法。
3）掌握ABB机器人单轴运动的操作方法。

◆◇ 相关知识

1. 基本知识

（1）认识示教器　操作工业机器人离不开示教器。示教器是一种手持式操作装置，由硬件和软件组成，用于执行与操作和工业机器人系统有关的许多任务，如编写程序、运行程序、修改程序、手动操作、参数配置及监控工业机器人状态等。示教器本身就是一台完整的计算机，通过集成线缆和接头连接到控制器。

1）示教器的基本组成。示教器是最常用的机器人控制装置。在示教器上，绝大多数的操作都是在触摸屏上完成的，同时也保留了必要的按钮和操作装置，如图2-1所示。

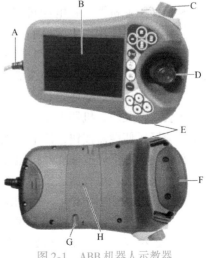

图2-1　ABB机器人示教器

示教器的基本组成部件已经在图 2-1 中标出，主要包括电缆、触摸屏、急停开关、手动操作摇杆、USB 端口、使能器按钮、触摸屏用笔、示教器复位按钮，各部件的功能见表 2-1。

表 2-1 示教器组成部件及其功能

序 号	名 称	功能描述
A	电缆	与工业机器人控制柜连接
B	触摸屏	人机交互界面
C	急停开关	紧急情况下停止工业机器人
D	手动操作摇杆（操纵杆）	控制工业机器人的各种运动
E	USB 端口	与示教器连接的 USB 接口
F	使能器按钮	释放电动机抱闸的按钮
G	触摸屏用笔	与触摸屏配套使用的触摸笔
H	示教器复位按钮	将示教器重置为出场状态的按钮

操作工业机器人示教器时，一般是左手持示教器，右手操作。左手从示教器下方穿过，将示教器舒服地放置在左手小臂位置处，左手握住示教器，除大拇指外其余四根手指自然放在使能器按钮位置处，正确手持示教器的方式如图 2-2 所示。

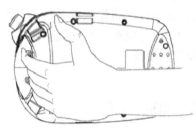 

a) 手持示教器背面示意图   b) 手持示教器正面示意图

图 2-2 示教器手持方式

2）使能器按钮。在手动操作模式下，必须按下示教器上的使能器按钮来释放电动机抱闸，从而使工业机器人各电动机能够正常运行。使能器按钮位于示教器手动操作摇杆的右侧，操作人员可使用左手四根手指对使能器按钮进行操作。

使能器按钮分为三档，第 1 档为使能器按钮松开，此时机器人电动机处于关闭状态，机器人不能起动；当四指轻轻按压使能器按钮，使能器按钮处于第 2 档状态，电动机开启，机器人可以正常运行；如遇紧急情况，可大力按压使能器按钮，此时处于第 3 档状态，机器人电动机会再度关闭，机器人无法运行，从而保证操作者的安全。正常起动机器人运行时，四个手指应轻压使能器按钮，使电动机保持在始终开启状态。

在手动状态下轻按使能器按钮并保证使能器按钮始终处于第 2 档状态时，电动机抱闸松开，电动机开启，示教器触摸屏如图 2-3 所示。当用力按压使能器按钮，使能器按钮处于第 3 档状态，电动机抱闸闭合，处于防护装置停止状态，如图 2-4 所示。

使能器按钮设计为三档的方式，是为了保证操作人员的人身安全。只有在轻按下使能器按钮，并始终保持使能器按钮处于第 2 档电动机开启状态时，才可以对工业机器人进行手动操作和程序的调试。当发生危险时，人会本能地释放使能器按钮或抓紧使能器按钮，两种方式都可以使机器人马上停下来，从而保障安全。

图2-3 电动机开启状态

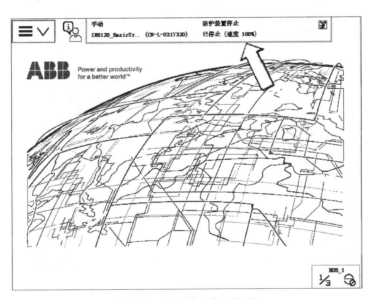

图2-4 防护装置停止状态

基于使能器按钮设计时的安全性考虑，在手动操作机器人时，要注意使能器按钮的以下安全使用注意事项：

① 任何时候都必须保证使能器按钮可以正常工作。

② 在编程和测试过程中，工业机器人不需要移动时必须尽快释放使能器按钮。

③ 任何人进入工业机器人工作空间内时，必须随身携带示教器，以防止其他人在进入者不知情的情况下移动机器人。

3）手动操作摇杆。手动操作摇杆位于示教器正面的右侧位置。操作摇杆可以进行上下、左右、斜角、旋转等共计 10 个方向的操作。斜角方向相当于相邻两个方向的合成动作，此外也可以一边旋转摇杆一遍拨动摇杆，同样为两种方向的合成动作。另外，操作手动操作摇杆时，可以将操作摇杆想象为汽车的节气门。操作摇杆的摇摆幅度和工业机器人的运动速度正相关。操作摇杆摆动的幅度越大，工业机器人运动的速度越快，摆动的幅度越小，工业机器人运动速度越慢。因此在操作工业机器人时，应尽量以较小的幅度先开始进行操作练习，待熟悉后再逐渐增加速度，缓慢提升机器人移动速度，避免不必要的危险。

（2）手动操作界面　ABB 机器人的示教器既是操作机器人移动编程调试的控制器，也是监控机器人运行状态、进行机器人系统配置的人机交互装置。在手动操作模式下，机器人示教器的触摸屏具有手动操作界面。在手动操作界面下可以进行机器人的手动操作、动作参数的设置以及状态的显示等。在 ABB 示教器的主界面下，单击左上角的菜单按键，打开主功能菜单，如图 2-5 所示。在主功能菜单中单击左侧手动操纵一栏，打开 ABB 机器人手动操作界面，如图 2-6 所示。

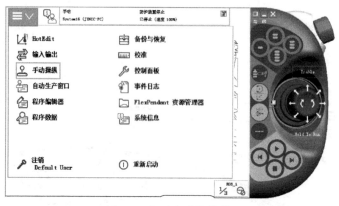

图 2-5　打开主功能菜单

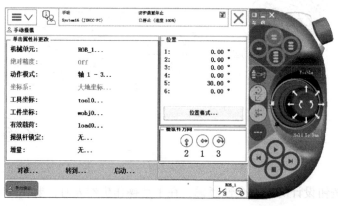

图 2-6　手动操作界面

ABB 机器人手动操作界面主要包括属性修改区域、位置区域、操纵杆方向区域和参数设定区域，每个区域均已在图 2-6 中标出。其中属性修改区域可以对机械单元、绝对精度、动作模式、坐标系、工具坐标、工件坐标、有效载荷、操纵杆锁定和增量来进行属性修改。

每项属性修改的具体功能和使用方法，将在本项目中逐一展开介绍。属性修改区域下方为参数配置区域，参数配置区域可以设定"对准""转到"和"启动"三个工业机器人相关数据。位置区域用来显示当前工业机器人的位置状态，可通过位置格式来修改位置数据的格式。操纵杆方向为手动操作摇杆的正方向指示，提示操作人员操作杆的方向与机器人的正方向的对应关系。

1）机械单元。单击手动操作界面的机械单元栏，可以进入机械单元界面，如图2-7所示。机械单元界面显示的是机器人控制器所连接的所有的机械单元。通常情况下，单个控制器只连接一个机器人本体，没有其他的机械单元，例如图2-7中唯一一个机械单元所示。但在某些情况下，例如机器人控制器连接有外部轴或者机器人控制器连接了多个机械臂时，机械单元界面将显示连接的所有机械单元。

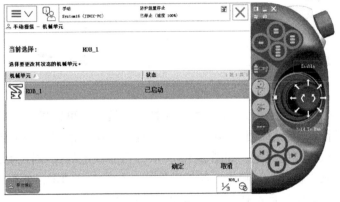

图2-7 机械单元界面

2）动作模式。单击手动操作界面的动作模式栏，可以进入机器人的动作模式界面，如图2-8所示。动作模式界面可以显示机器人当前的动作模式，也可以进行机器人动作模式的选择。ABB机器人一般情况下包含四种动作模式，分别是轴1-3、轴4-6、线性、重定位。4种动作模式对应本项目的三种机器人手动操作方法——轴运动、线性运动和重定位运动。其中轴1-3和轴4-6均是轴运动控制，用来区分对1-3轴或是对4-6轴的控制。通过在动作模式下进行选择来确定机器人的动作模式以及机器人运动控制的方法。

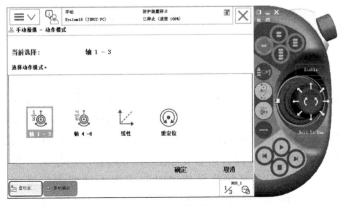

图2-8 动作模式界面

3）位置区域。示教器手动操作界面的位置区域显示机器人当前位置的状态数据。单击位置格式按钮，可以对位置的格式进行修改，如图 2-9 所示。在位置显示方式界面可以选择位置显示方式、方向格式、角度格式和角度单位。图 2-6 中位置区域显示的角度值表示机器人的 6 个轴所处的角度值。这里 6 个轴所处的角度值为 [0°，0°，0°，0°，30°，0°]。

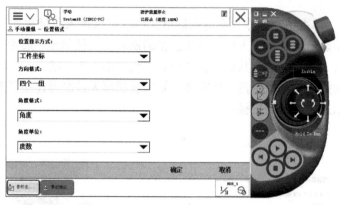

图 2-9　位置显示方式界面

4）操纵杆锁定。单击手动操作界面的操纵杆锁定按钮，可以进入示教器的操纵杆锁定界面，如图 2-10 所示。操纵杆锁定界面可以显示机器人操作过程中当前锁定的操作杆，或者进行某个方向上操作杆的锁定。如图 2-10 所示，当前锁定的操作杆为无，即操作杆的各方向均有效。如在操作机器人过程中，需要操作杆左右方向被锁定，便可以在此界面下，选择水平方向进行锁定，锁定后操作杆左右移动方向失效。

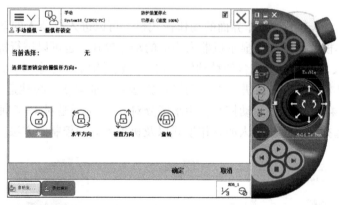

图 2-10　操纵杆锁定界面

5）增量。单击手动操作界面的增量栏，便可以打开增量模式界面，如图 2-11 所示。增量模式仅在手动操作模式下有效，它可以控制工业机器人以较慢的速度来进行移动。在增量模式下，操纵杆每位移一次，工业机器人就移动固定的距离。如果操纵感持续摆动 1s 或数秒，工业机器人就会持续移动，步长为固定的距离。增量模式常用于在某些临界位置时对机器人位置进行微调。操作人员可以在增量模式界面选择是否开启增量模式或增量模式的大小。

手动微调
机器人位置

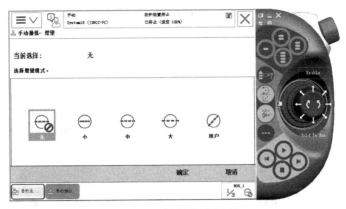

图 2-11　增量模式界面

关于手动操作界面的属性参数配置、位置显示和摇杆控制等功能和配置方法，目前为止仅介绍以上 5 个方面，便足以满足本任务工业机器人单轴运动的需要。其余关于手动操作界面的使用方法，将在后续手动操作内容学习中详细展开。

（3）单轴操作机器人的方法

1）手动操作机器人 1－3 轴运动。

① 首先确保工业机器人属于手动操作模式下，并正确手持示教器。按照前面所讲述的内容单击 ABB 示教器左上角主功能菜单，打开手动操作界面，如图 2-12 所示。

工业机器人
单轴运动

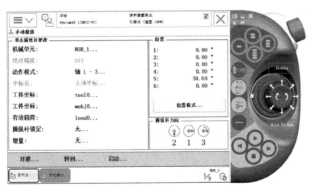

图 2-12　手动操作界面

② 进入动作模式选择界面，选择动作模式为轴 1－3，如图 2-8 所示。

③ 用左手按下使能器按钮打开电动机抱闸，保持机器人处于电动机开启状态，如图 2-13 所示。

④ 确保状态显示栏中电动机状态处于电动机开启状态，此时操纵杆显示方向的区域，轴 1－3 的正方向对应的操作杆方向如图 2-14 箭头所示。

⑤ 边拨动摇杆的左右方向，边观察机器人的运动，感受摇杆摆动幅度与机器人运动速度关系。通过此方

图 2-13　按下使能器按钮

法，可控制机器人的1轴从图2-15所示的位置移动至图2-16所示位置。

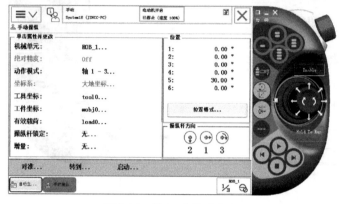

图2-14　轴1-3的正方向

a) 机器人1轴角度为0°

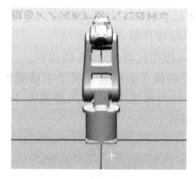

b) 机器人所处的位置

图2-15　机器人移动前位置

a) 机器人1轴角度为71.45°

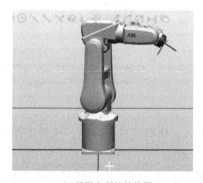

b) 机器人所处的位置

图2-16　机器人移动后位置

⑥ 工业机器人2轴和3轴单轴操作方法与1轴一样，只需要在控制摇杆时分别沿上下方向、旋转方向拨动摇杆即可。

2）手动操作机器人4-6轴运动。手动操作机器人4-6轴运动时，操作方法与控制机器人1-3轴运动一致，只需要将运动模式一栏中的1-3轴改为4-6轴即可，如图2-17所示。

图2-17　4-6轴单轴运动

（4）单轴运动的适用情况　单轴运动模式是通过示教器摇杆分别控制机器人的6个轴进行单轴运动，运动模式简单，运算量小，操作直接，但需要移动机器人至某一固定位置时使用单轴移动比较困难。单轴运动模式主要适用在以下情况中。

1）进行转数计数器更新时，使用单轴运动模式控制机器人到机械原点。

2）机器人触发机械限位或软件限位时，即机器人超出运动范围时，使用单轴运动进行恢复。

3）大范围运动，改变机器人朝向和工作区域时使用单轴运动效率更高。

4）调整机器人的工作姿态或者进行过渡时使用单轴运动。

（5）手动操作机器人的注意事项　工业机器人是大型自动运行的机械装置，在手动操作机器人的过程中，要时刻注意安全问题，特别需要注意以下几个方面。

1）机器人上电后首先确保各急停按钮能够正常使用。

2）手动操作机器人前，确保机器人处于手动模式，避免自动模式下引起的不可预知的动作。

3）确保机器人处于相对安全的位置。手动操作过程中，避免机器人可能会发生的与物体和人员的碰撞。

4）移动机器人过程中要时刻观察机器人的动向，掌握机器人可能的移动趋势，避免发生碰撞危险。尤其注意，不要一边操作机器人一边紧盯示教器。

5）在不需要移动机器人时，要尽快松开使能器按钮，打开电动机抱闸。

2. 拓展知识

ABB机器人在单轴运动模式下，示教器的手动操作界面位置区域内，会显示机器人6个轴的位置数据，即6个轴当前对应的角度值。例如图2-15a中，机器人6个轴的角度值为[0°，0°，0°，0°，30°，0°]，其中第5轴角度为30°，其余轴角度为0°。对于5轴来说，图2-15b中的位置为30°，是基于已经预先规定好了5轴的0°位置，相较于0°位置5轴沿正方向旋转了30°，因此当前位置数据为30°。同样，机器人的6个轴都有预先规定的角度为0°的标准位置，这个位置称作机器人的机械原点位，即机器人6轴角度为[0°，0°，0°，0°，0°，0°]的位置。

机器人的机械原点位为机器人6个轴的基准位置，机器人不同姿态下，6个关节轴的角度以机械原点为基准通过计算得到，因此机械原点位对于各关节轴位置的记录至关重要。机械原点位是否准确，影响着机器人各关节轴定位的精准度。因此，机器人控制器已经在机器人出厂时记录了机器人机械原点位的位置，并且不会因为机器人断电或者机器人运动等情况而发生变化，可保证机械原点位的准确性。但是，在某些特殊情况下，例如机械碰撞导致关节错位或者 SMB 电池电量耗尽等情况，可能导致机械原点位的偏移或丢失，此时就需要重新进行机器人机械原点的标定。

（1）转数计数器　工业机器人在出厂时，都有技术人员对各关节轴的机械原点进行了准确标定，并且将这些数据保存在了机器人系统的转数计数器中。转数计数器中保存的机械原点数据，为机器人各个关节轴运动提供基准，从而计算出各个关节轴的位置角度数据。在断电情况下，转数计数器由转数计数器电池（SMB 电池）进行供电，保证即使在机器人运输、安装、维修等断电情况下，机械原点都能够保存在转数计数器中不丢失。但是，在某些情况下，可能出现机械原点数据的丢失或者机械原点的错位，例如更换 SMB 电池时，转数计数器会掉电从而丢失掉机械原点数据；或者机器人发生碰撞导致关节错位，导致机械原点失准等情况下，转数计数器中存储的机械原点不再准确。此时就需要机器人操作人员重新进行机械原点的定位，更新机器人的转数计数器。一般来说，当发生以下几种情况时，需要对转数计数器进行更新。

1）更换伺服电动机转数计数器电池（SMB 电池）后。

2）当转数计数器发生故障，修复后。

3）转数计数器与 SMB 测量板之间断开后。

4）断电后，工业机器人关节轴发生了位移。

5）当系统报警提示"10036 转数计数器未更新"时。

6）发生严重碰撞等情况，导致机械原点发生明显偏移时。

（2）转数计数器更新方法　转数计数器更新的原理是，通过手动操作工业机器人进行单轴运动，将工业机器人 6 个关节轴移动至机械原点位置，并将当前位置设定为机械原点，即 6 个轴角度值为 [0°，0°，0°，0°，0°，0°]。这样一来，机器人便会将当前位置认定为机械原点，当前位置的角度值为 [0°，0°，0°，0°，0°，0°]，此后机器人各关节轴的移动便会以当前位置为基准。因此在进行转数计数器更新的过程中，需要操作人员能够熟练掌握手动操作机器人单轴运动的方法，从而提高机械原点标定的准确度，保证较高的转数计数器更新质量。

ABB 机器人的 6 个关节轴所在位置如图 2-18 所示。在机器人出厂时，在每个关节轴处，都进行了机械原点位置的标记。如图 2-19 所示，在机器人的第 1 关节轴位置处，关节轴两侧分别标有标记和凹槽。当标记正对凹槽中心位置处，便是出厂时标记的第 1 轴的机械原点位。其余各轴的机械原点位也以相同的方式，在各关节轴的相应位置进行表示。其中，第 6 轴的机械原点位略有不同。机器人的第 6 轴是机器人安装末端执行器的法兰，本体颜色为黑色。第 6 轴的机械原点位的标示如图 2-20 所示。第 6 轴的标记在黑色法兰盘上，以一

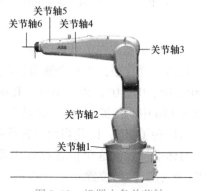

图 2-18　机器人各关节轴

个较为发亮的光标形式标出。凹槽在第6轴中间的铆钉位置。注意不同型号的机器人各关节轴标注的方法会有所区别，详情可查看 ABB 机器人官方的手册。确定了工业机器人各关节轴的机械原点位置后，就可以进行机器人转数计数器更新了。

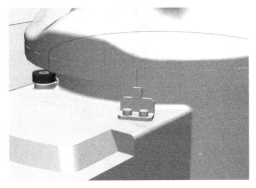

图 2-19　第 1 轴关节的机械原点

图 2-20　第 6 轴的机械原点位

◇◇ 任务实施

1）首先正确手持示教器，观察机器人当前的位姿，确保控制机器人运动过程中，机器人不会发生碰撞或危险。

2）确保机器人处于手动模式下，确定各急停开关可以正常使用。

3）通过示教器的主功能菜单，单击"手动操纵"，进入手动操作界面，如图 2-21 所示。观察目前各关节轴所处的角度。

4）在手动操作界面中，动作模式选择轴 4－6。

5）按下使能器按钮，打开电动机抱闸，使电动机一直处于电动机开启状态。左右拨动摇杆，缓慢移动机器人的第 4 轴向 0°位置靠近。

图 2-21　手动操作界面

6）当第 4 轴接近 0°位置时停下机器人，如图 2-22 所示。

7）采用增量模式或减少摇杆摆动幅度，缓慢靠近 0°位置。操作熟练的人员可以跳过第 6 步，直接移动 4 轴到 0°位置，如图 2-23 所示。刚开始操作时不要着急，反复练习，等到操作熟练后就比较容易准确到达 0°。如果一开始操作无法准确到达 0°也属于正常现象，只

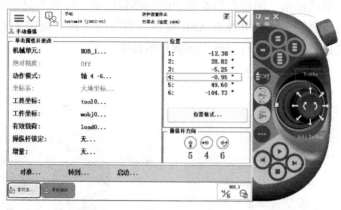

图 2-22　停下机器人缓慢靠近

要误差在 0.1°以内即可。

8）用同样的方法，依次将 5、6、1、2、3 轴移动到指定的角度值，最终机器人到达位置 [0°，0°，0°，0°，90°，0°]，如图 2-24 所示。

9）反复练习，提高操作的熟练度和准确度。

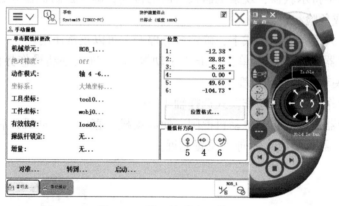

图 2-23　第 4 轴到达 0°位置

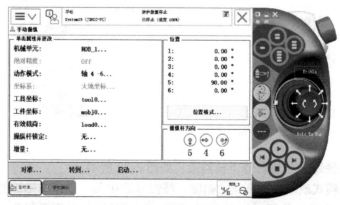

图 2-24　各轴移动到 [0°，0°，0°，0°，90°，0°]

◆◇ **任务拓展**

　　熟练掌握本任务中讲解的手动操作机器人进行单轴运动的方法，正确手持示教器，掌握使能器按钮和摇杆的操作技巧，通过手动操作界面正确切换工作轴，按顺序切换机器人的 1-6 轴，分别操作机器人的各轴进行单轴运动，要求机器人到达各轴角度 [0°，-30°，30°，0°，90°，0°] 的位置，上下误差在 0.1°范围内，操作过程不出现误动作和碰撞等现象，要符合安全操作的要求。

任务 2　手动操作机器人线性运动

◆◇ **任务描述**

　　正确应用示教器，通过手动操作界面切换运动模式为线性运动模式，熟练掌握 ABB 机器人线性运动的操作方法。使用快捷键选择正确的坐标系，切换运动模式，调整运动速度，在手动操作模式下，控制机器人以线性运动的方式拾取托盘上的工件，将 12 个工件进行叠放。要求 12 个工件叠放整齐，不倾斜，不倒塌，操作过程中不出现误动作和碰撞等现象，要符合安全操作的要求。

◆◇ **任务目标**

1. 掌握 ABB 机器人线性运动的方法。
2. 掌握使用快捷键进行运动参数设定的方法。
3. 掌握工件坐标的创建和使用方法。

◆◇ **相关知识**

1. 基本知识

　　本任务中，我们通过控制机器人移动，使用工业机器人末端携带的吸盘工具将托盘中的工件逐个叠放，叠放在一起的工件不倾斜，不倒塌。图 2-25 所示为放置在托盘上的 12 个工件。图 2-26 所示为叠放在一起的工件。叠放过程需要让机器人先靠近工件、拾取工件，然后再将工件放置在相应的位置之后，逐个将 12 个工件依次进行拾取，放置操作，如图 2-27 所示。在手动操作模式下使用单轴运动模式，控制机器人靠近工件表面是很困难的。通过观察或计算很难得知当机器人靠近工件表面时各个关节轴所处的角度位置，因此这里无法使用单轴运动模式控制机器人来拾取工件。在日常生活中，我们表示两个物体位置的关系时，通常使用的是方位词。例如 A 物体在 B 物体的左侧上侧或前侧，这里的左右、上下、前后便是表示方位的词。我们想要控制机器人移动到工件表面，同样需要观察工件位于机器人的前后、上下、左右的方向，进而控制机器人，在前后方向、上下方向、左右方向进行移动，来靠近工件物体的表面。整个过程需要运用到的机器人运动模式是线性运动。

　　(1) 线性运动模式　线性运动模式是控制机器人，按照直线来进行运动。运动过程中，机器人的末端会始终沿直线运动。在这一过程中，机器人的 6 个轴会协同配合，多个轴进行联动，以保证机器人的末端始终沿一条直线运动。在机器人进行线性运动过程中，机器人单个轴如何运动以及 6 个轴如何配合由机器人的控制器控制，通过控制器内部集成的运动算法进行解析，再通过控制器进行信号放大，通过驱动器进行控制，实现机器人线性运动的效果，此过程运算量较大，但无需操作人员进行干预。

图 2-25　工件散放的状态

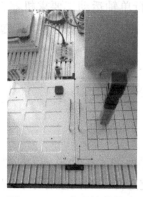
图 2-26　工件叠放的状态

图 2-27　工件拾取工件的姿态

这里我们以控制机器人靠近工件表面这一操作过程为例，讲解通过操作示教器，手动操作机器人线性运动的方法。

1）通过手动单轴运动控制机器人 6 轴，调整到一个便于拾取工件的姿势，如图 2-28 所示，6 轴角度为 [0°，0°，0°，0°，90°，0°]。

2）单击左上角的主功能菜单，选择"手动操纵"，进入手动操作界面，如图 2-29 所示。

工业机器人线性运动

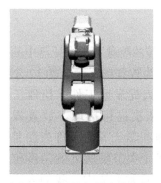
图 2-28　调整机器人的姿态

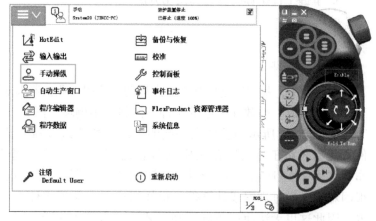
图 2-29　打开手动操作界面

3）在手动操作界面点击"运动模式"，进入运动模式选择界面，如图 2-30 所示。

4）在运动选择界面，选择"线性"，单击"确定"，如图 2-31 所示。

5）观察手动操作界面，右侧位置区域显示的不再是各个关节轴的角度，而是 X、Y、Z 的坐标值。下方操作杆方向的提示也相应地变为操作杆与 X、Y、Z 正方向的对应关系，如图 2-32 所示。

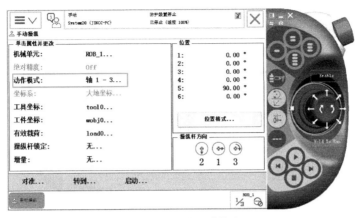

图 2-30 更改运动模式

图 2-31 选择线性运动模式

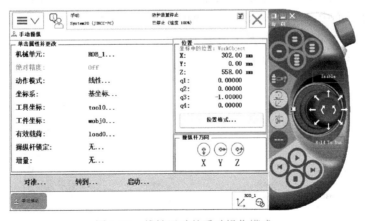

图 2-32 线性运动的手动操作模式

6）按下使能器按钮，保持电动机开启状态，向前拨动操作杆，可以观察到机器人向前线性运动，并且坐标值 X 正向增加，如图 2-33 所示。

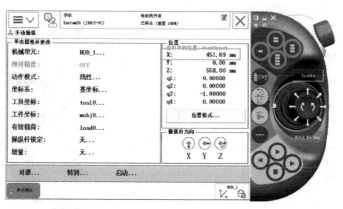

图 2-33　X 方向坐标值正向增加

7）按照同样的操作方法，左右拨动摇杆或者旋转摇杆，机器人便相应在 Y 方向和 Z 方向上线性运动。如果向对角方向或者边旋转边拨动，机器人将在两个方向上联动。

8）操作技巧：在坐标系里，正对机器人站立，示教器摇杆的运动方向与机器人运动的方向一致；逆时针旋转摇杆，控制机器人向上抬起；顺时针旋转摇杆，控制机器人向下。

9）刚开始练习时不太熟练，应该以较慢速度进行练习。快要到达工件表面时，为免发生碰撞，可以先将机器人停下，用增量模式控制机器人缓慢靠近工件。

10）用上述方法反复练习，提高手动操作机器人线性运动的熟练度，做到"指哪打哪"。操作机器人过程切忌出现试探、误动作、速度控制不当等问题。

（2）机器人坐标系　平面中确定一个固定点需要（X，Y）两个坐标值，在空间中确定一个固定点需要（X，Y，Z）三个坐标值。在线性运动模式下，手动操作界面中，位置区域记录的是（X，Y，Z）的三个坐标值，并且在操纵杆区域也提示了摇杆方向与 X、Y、Z 三个方向正方向对应的关系。因此，在机器人系统中，也有自己的坐标系，规定了 X、Y、Z 正方向；根据坐标原点，即（0，0，0）点，从而标定空间中某个位置的坐标值（X，Y，Z）。

在手动操作界面中，单击坐标系一栏便可以打开坐标系界面，查看机器人系统的坐标系，如图 2-34 所示。机器人坐标系主要分为 4 类，分别是大地坐标系、基坐标系、工具坐标系和工件坐标系，如图 2-35 所示。

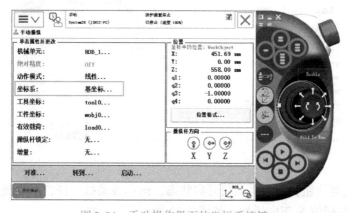

图 2-34　手动操作界面的坐标系按键

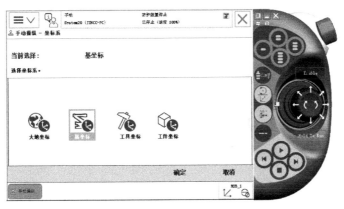

图 2-35　机器人的坐标系界面

1）大地坐标系和基坐标系。大地坐标系也称作世界坐标系，是世界通用的以大地为参考的测量坐标基准，唯一确定。表示地球表面方位的经度与纬度，便是基于大地坐标系的。大地坐标系是系统的绝对坐标系，作为工业机器人全部动作的基准，其余所有的坐标系都是在其基础上变换得到的。从理论上来说，大地坐标系的原点在地球球心处，在机器人应用过程中，我们显然无法以地球球心作为参考中心，因此我们只需要认为大地坐标系的原点为全世界所有空间中某参考点，以确定机器人在世界坐标系中安装的位置，例如在虚拟仿真软件中，世界坐标系位于图 2-36 所标示位置是脱离于空间中的某一个点，其主要作用是规定了 X，Y，Z 的正方向。

基坐标系是机器人移动的基准坐标系，位于机器人的基座底部中心处，唯一确定，如图 2-37 所示。在线性运动操作过程中，默认的坐标系便是基坐标系。机器人一旦安装固定后，基坐标系便确定下来。可以认为机器人安装确定后，根据机器人所处在大地坐标系中的位置，从而确定基坐标系的位置和方向。因此一旦机器人固定下来，大地坐标系便不再起作用，或者可以认为大地坐标系此时与基坐标系重叠。此时不论选择大地坐标系作为机器人坐标系，或选择基坐标系作为机器人坐标系，线性运动机器人操作的效果是一致的。但在某些特殊情况下，基坐标系与大地坐标系不同，大地坐标系在机器人的运动过程中，依然发挥着基坐标系所不可替代的作用。例如机器人带有外部轴时，如图 2-38 所示，倒装机器人的基坐标系与大地坐标系 Z 轴的方向是相反的，如图 2-39 所示，机器人可以倒过来，但是大地却不可以倒过来。或者机器人倒装时，大地坐标系是固定好的位置，而基坐标系却可以随着机器人整体的移动而移动。

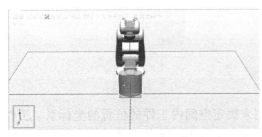

图 2-36　虚拟仿真软件中的大地坐标系

图 2-37　虚拟仿真软件中的基坐标系

大地坐标系

基坐标系

图 2-38 带有外部轴的工业机器人

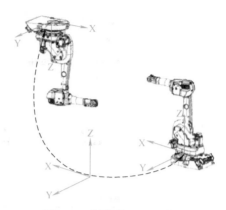

图 2-39 倒装的工业机器人

2）坐标系的方向。工业机器人线性运动时，手动操作界面标明了机器人摇杆方向与机器人移动方向的对应关系。那么坐标系的方向又是怎么规定的呢？机器人系统中，所有坐标系的方向都满足右手定则。伸出右手，食指指向的是坐标系的 X 轴正方向，中指指向 Y 轴正方向，大拇指指向 Z 轴正方向，如图 2-40 所示。

由于机器人坐标系都满足右手定则，因此机器人的基坐标系的方向如图 2-41 所示。当面对机器人站立时，机器人基坐标系的 X 正方向向前，Y 轴正方向向右，Z 轴正方向向上。基坐标系是机器人手动线性运动的默认坐标系。手动操作机器人线性运动时，操作摇杆动作的方向对应关系如图 2-42 所示。向前拨动摇杆，机器人沿着 X 轴正方向运动，机器人就会向前运动，反之机器人向后运动；向右拨动摇杆，机器人沿着 Y 轴正方向运动，机器人就会向右运动，反之机器人向左运动；逆时针旋转摇杆，机器人沿着 Z 轴正方向运动，机器人就会向上运动，反之机器人向下运动。因此，当面对机器人站立时，手动操作机器人线性运动，在默认坐标系下，机器人的运动方向与摇杆运动方向一致。需要注意的是，如果切换了坐标系，或者不是面向机器人站立的情况下，此关系便不再适用。因此在线性移动机器人之前，要观察机器人的坐标系，再控制机器人运动。

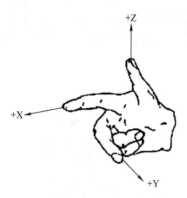

图 2-40 右手定则

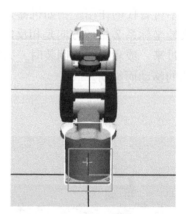

图 2-41 基坐标系

3）工件坐标系。工件坐标系对应工件，是用来确定空间内工件的位置的坐标系。工件坐标系的定义基于大地坐标系或基坐标系来进行。在实际应用过程中，当然可以直接定位工

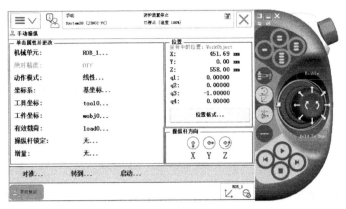

图 2-42　摇杆动作的方向提示

件的位置，也使用大地坐标系或者基坐标系进行定位，这样可以省去创建和切换工件坐标系的麻烦。在简单应用情况下，这种方法是适用的，例如本任务的情况。但是在很多复杂应用或者需要重复生产的情况下，工件坐标系有着它不可替代的作用。

工件坐标系实际上是代替基坐标系来定位位置的坐标系。用户可以创建多个工件坐标系，用来表示不同的工件或者表示同一工件在不同位置的若干副本。在进行工业机器人的编程时，如果以工件坐标系作为基准创建目标点和路径，将带来以下的优势。

① 重新定位工作站中的工件时，只需更改工件坐标系的位置，所有路径将即刻随之更新。

② 允许操作以外轴或传送导轨移动的工件，因为整个工件坐标系可连同其路径一起移动。

例如图 2-43 所示，A 是工业机器人的大地坐标系或基坐标系。B 是针对第 1 个工件创建的工件坐标系。对工件的操作编程在工件坐标系 B 的基准下进行。如果在台子上还有一个一样的工件，或者将工件从第 1 个位置移动到了第 2 个位置，机器人所要运行的轨迹不变。那么只需要再建立一个工件坐标系 C，将工件坐标系 B 中的轨迹复制一份，然后将工件坐标系从 B 更新为 C 即可。

再例如图 2-44 所示，在工件坐标系 B 中对工件进行了如 A 所示的轨迹编程，如果工件位置发生了变化，工件坐标系随之变化为 D 的方向，那么只需要在工业机器人系统中将工件坐标系 B 变为工件坐标系 D，机器人的运行轨迹会自动更新为 C，不需要再进行编程操作。因为 A 相对于 B，C 相对于 D 的关系是一样的，并没有因为整体偏移而发生变化。

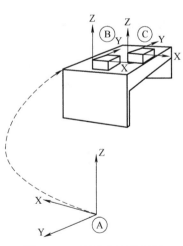

图 2-43　工件坐标系的更新

工件坐标系也符合右手定则，如图 2-40 所示，因此在创建工件坐标系时，只需要确定三个方向中的两个方向和原点位置，就能够得到唯一确定的工件坐标系。如图 2-45 所示，在工件平面上标定三个点即可。建立工件坐标系的方法如下：

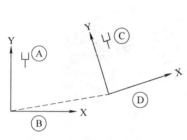

图 2-44　工件坐标系的更新

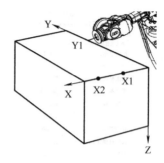

图 2-45　三点法标定工件坐标

a. 单击示教器左上角的主功能菜单，打开"手动操纵"栏，如图 2-46 所示。

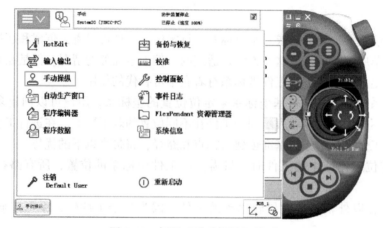

图 2-46　打开"手动操纵"界面

b. 选择"工件坐标"按钮，打开工件坐标系界面，如图 2-47 所示。

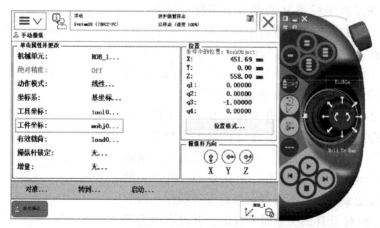

图 2-47　选择"工件坐标"

c. 工件坐标系界面默认有系统配置好的一个工件坐标系，这个工件坐标系与基坐标系重叠。单击"新建"进入工件坐标系创建界面，如图 2-48 所示。

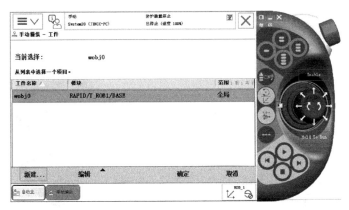

图 2-48　创建工件坐标系

d. 在数据声明界面对工件坐标系属性进行设定，然后单击"确定"，如图 2-49 所示。需要注意的是，这里一定要给工件坐标系取一个有意义的名称，方便以后使用时能够容易区分和记忆。

图 2-49　配置工件坐标系参数

e. 选中刚刚创建的工件坐标，单击"编辑"，在菜单中选择"定义"，如图 2-50 所示。

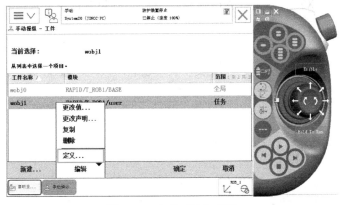

图 2-50　定义工件坐标系

f. 在工件坐标系定义界面，选择用户方法为"3 点"，如图 2-51 所示。

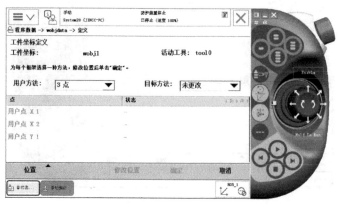

图 2-51　选择 3 点法

g. 手动操作工业机器人工具参考点（TCP 点，在后续内容中讲解）靠近定义的工件坐标系的 X1 点，如图 2-52 所示。

h. 选中"用户点 X1"，单击"修改位置"，将 X1 的位置记录下来，如图 2-53 所示。

图 2-52　移动机器人靠近第一个点

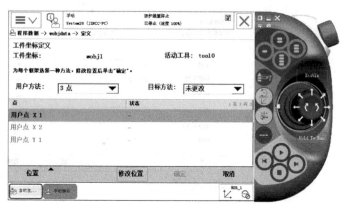

图 2-53　选中第一个点并修改位置

i. 手动操作工业机器人工具参考点靠近定义的工件坐标系的 X2 点，如图 2-54 所示。

j. 选中"用户点 X2"，单击"修改位置"，将 X2 的位置记录下来，如图 2-55 所示。

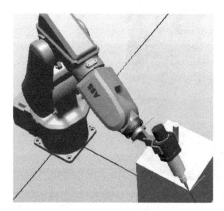

图 2-54　移动机器人靠近第二个点

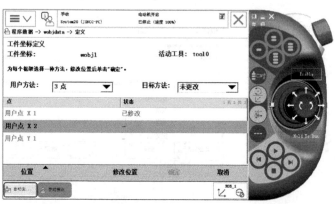

图 2-55　选中第二个点修改位置

k. 手动操作工业机器人工具参考点靠近定义的工件坐标的 Y1 点，如图 2-56 所示。

l. 选中"用户点 Y1"，单击"修改位置"，将 Y1 的位置记录下来，如图 2-57 所示。

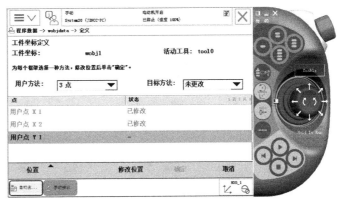

图 2-56　移动机器人靠近第三个点　　　　　　图 2-57　选中第三个点修改位置

m. 单击"确定"，完成设定，如图 2-58 所示。

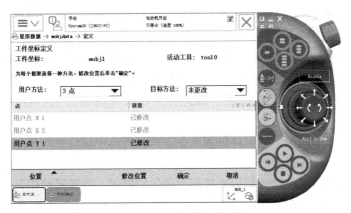

图 2-58　生成工件坐标系

n. 对自动生成的工件坐标系进行确认，单击"确定"，如图 2-59 所示。

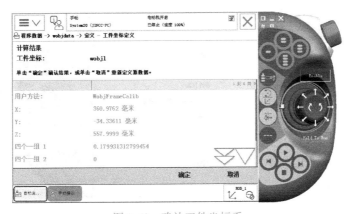

图 2-59　确认工件坐标系

o. 选择创建好的工件坐标系便可以使用了，如图 2-60 所示。如果在使用过程中需要更换工件坐标系，便用同样的方法进行三点法的更新即可。

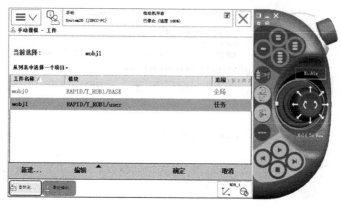

图 2-60　选择工件坐标系

到此为止工业机器人的工件坐标系相关内容就介绍完了，除了大地坐标系、基坐标系和工件坐标系外，机器人还有工具坐标系，此部分内容在本项目任务 3 中再进行详细讲解。

（3）运动模式的切换　控制机器人线性运动实现工件的叠放过程前，首先要使用单轴运动调整机器人达到一个舒适的姿态。在每一次拾取工件和放置工件时，快要靠近工件位置处，需要切换运行的速度或者增量的模式。在这些情况下都需要对工业机器人手动操作的模式等参数进行切换或设定。因此在手动操作机器人的过程中，常常会用到运动模式的切换。

机器人运动模式的切换，可以在机器人手动操作界面中属性更改区域中选择相应的属性进行模式的切换。但是在很多情况下，例如工业机器人标定工件坐标时，需要在手动操作界面以外控制机器人移动，此时想要切换机器人的运动模式，就需要使用到示教器右下角的运动模式切换按键，如图 2-61 所示。此时右下角的按钮状态表示机器人当前处于线性运动模式下、增量模式关闭状态。除此外还有图 2-62 所示几种状态，分别表示机器人单轴运动、增量模式开启、重定位运动等状态。

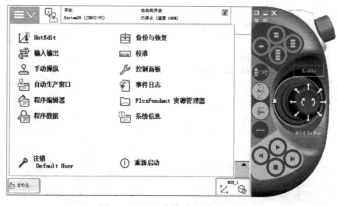

图 2-61　运动模式切换按键

单击右下角模式切换按键可以打开模式切换单菜单。其中第一栏可以切换机器人的运动模式、参考坐标、运动速度等参数，如图2-63所示，也可以单击"显示详情"将机器人运动模式的很多参数显示出来，如图2-64所示。

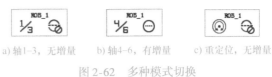

a) 轴1-3，无增量　　b) 轴4-6，有增量　　c) 重定位，无增量

图2-62　多种模式切换

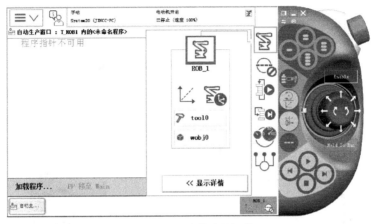

图2-63　运动模式的切换

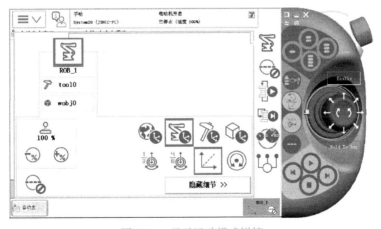

图2-64　显示运动模式详情

第2栏为控制增量模式的快捷键。在此栏中可以选择增量模式的有无和大小，如图2-65所示。单击显示值可以查看增量模式对应的增量值并且可以进行增量值的设置或用户增量模式的设置，如图2-66所示。

模式切换快捷键第5栏是对机器人运动速度的控制，如图2-67所示。在此栏中可以对机器人的运行速度按比例进行降低或提高。在操作不熟练时，需要控制机器人到达某些准确的位置时，可以在此界面中将机器人速度降慢，再控制机器人运行。

除去这3栏以外，快捷键中其余3栏分别控制的是机器人程序连续调试的模式、单步程序调试的模式和当前任务的选择。这些部分的内容在本书后续项目中会详细讲解。

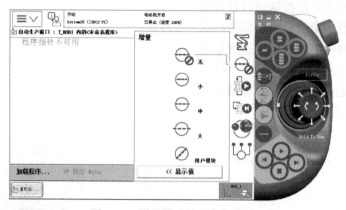

图 2-65　增量模式的开启与设置

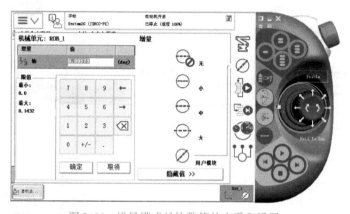

图 2-66　增量模式具体数值的查看和设置

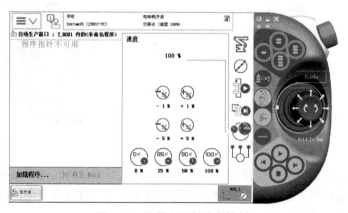

图 2-67　机器人运行速度控制

2. 拓展知识

　　本任务中介绍了手动操作机器人线性运动的方法，也介绍了线性运动模式与单轴运动模式进行切换的方法。在进行单轴运动模式和线性运动模式切换时，除了可以使用触摸屏右下角的快捷按钮外，还可以使用示教器上的动作模式切换快捷键，如图 2-68 所示。在示教器触摸屏的右侧分布着很多按键，接下来把这些按键按照示教器上的分布位置，分为上中下三部分，每部分有4个按键，逐一介绍这些按键的功能和使用方法。

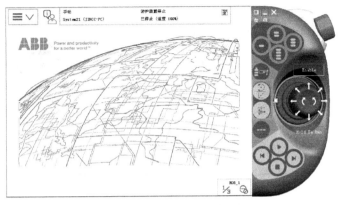

图2-68　动作模式切换快捷键

（1）可编程按键　位于示教器触摸屏右侧最上方的一组4个按键是可编程按键，如图2-69所示。我们在拾取和放置工件时，是通过可编程按键来控制吸盘的开和合的。可编程按键之所以能控制吸盘的开和合，是因为预先在系统中对可编程按键进行了功能的配置。将可编程按键的功能设置为控制吸盘吸气和放气的I/O信号。

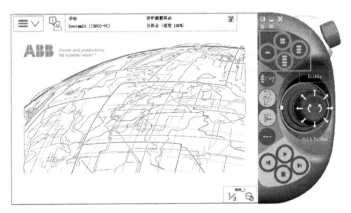

图2-69　可编程按键

ABB工业机器人示教器上有4个可编程按键，分别为按键1、按键2、按键3和按键4。4个按键使用方法一致：

1）单击触摸屏左上角，打开ABB主功能菜单，选中"控制面板"栏，如图2-70所示。

2）在控制面板界面，单击"配置可编程按键"，打开可编程按键配置界面，如图2-71所示。

3）观察可编程按键的配置界面，页面中的按键1、按键2、按键3、按键4分别对应示教器上方的4个可编程按键。单击类型下拉菜单可以选择可编程按键操作的信号类型，分别有输入、输出和系统。将按键1类型配置成"输入"时，按下按键1则与之关联的输入信号值为1；将按键1类型配置成"系统"时，可选择将程序指针重新定位到main函数；将按键1类型配置成"输出"时，与数字输出信号关联后，按键1又可以选择不同的对于信

工业机器人应用编程

号的操作，如图2-72所示。

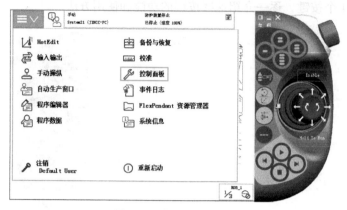

图 2-70　打开控制面板

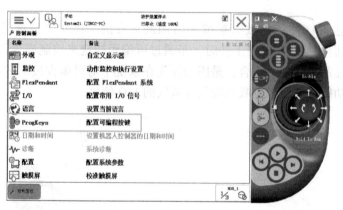

图 2-71　单击配置可编程按键

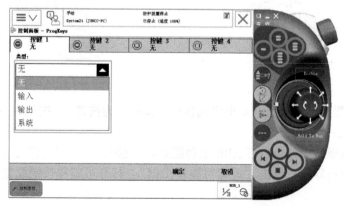

图 2-72　配置按键 1 的功能

4）本任务中，可编程按键是要对吸盘的吸气信号进行操作，应选择类型为"输出"。选择"输出"后按键1可以继续选择5种动作分别为"切换""设为1""设为0""按下/松开""脉冲"，如图2-73所示。本任务中所对应的功能应选择"切换"，然后选择与吸盘吸气或放气对应的信号即可。

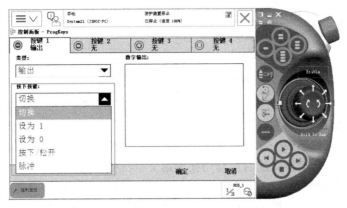

图 2-73　选择对于输出信号的操作

5 种动作分别对应的效果如下。

① 切换：按下按键后，数字输出信号的值在 0 和 1 之间切换。

② 设为 1：按下按键后，数字输出信号的值被置为 1，相当于置位。

③ 设为 0：按下按键后，数字输出信号的值被置为 0，相当于复位。

④ 按下/松开：按下按键后，数字输出信号值被置为 1，松开按键后值被置为 0。

⑤ 脉冲：按下按键的上升沿，数字输出信号的值被置为 1。

至此便完成了可编程按键的配置。这样可编程按键便可以控制吸盘的吸气和放气的信号，从而实现吸盘的吸气放气控制。其他三个可编程按键的配置方法与按键1的配置方法一样。ABB 示教器最多提供了 4 个可编程按键，从而方便操作人员在手动操作机器人、编程以及调试程序等情况下，可以快捷地对信号或系统进行操作。灵活应用可编程按键可以提高机器人的操作编程等过程的效率。

（2）动作模式切换快捷键　在 ABB 示教器触摸屏右侧中间一组的 4 个按键是动作模式切换的快捷键，如图 2-74 所示。4 个动作模式切换快捷键所对应的功能见表 2-2。4 个按键分别对应机械单元的快速切换、坐标系动作快捷切换、关节轴动作快捷切换和增量模式开关快捷切换。

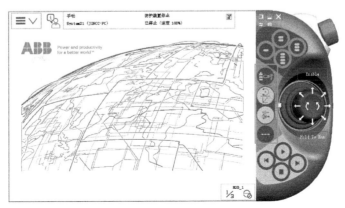

图 2-74　动作模式切换快捷键

表 2-2　快捷键功能对应表

按键图示	按键功能	按键图示	按键功能
	机械单元切换快捷键		坐标系动作切换快捷键
	关节动作切换快捷键		增量模式开关切换快捷键

1）机械单元切换快捷键：用于进行机械单元切换的快捷键。按下一次该快捷键，机器人操作的机械单元进行切换一次。再次按下该快捷键，机器人操作机械单元依次再切换至下一个。依次类推，全部切换完成后重新切换为第 1 个机械单元。

2）坐标系动作切换快捷键：用于切换线性运动模式和重定位运动模式的快捷键。按下一次该快捷键，机器人运动模式会切换为线性或重定位模式。再次按下该快捷键，机器人的运动模式会切换为线性和重定位模式中的另一种模式。例如，若当前机器人的操作模式是关节动作模式，按下一次该快捷键，机器人的运动模式可能会切换为线性运动模式。再次按下该快捷键，机器人的运动模式会切换为重定位运动模式。再次按下该按键，机器人的运动模式切换成线性运动模式。

3）关节动作切换快捷键：用于切换单轴运动模式中轴 1 - 3 和轴 4 - 6 的快捷键，使用方法与坐标系动作切换快捷键类似。按下一次该快捷键，机器人运动模式会切换为单轴运动轴 1 - 3 或轴 4 - 6。再次按下该快捷键，机器人的运动模式会切换到轴 4 - 6 或轴 1 - 3。

4）增量模式开关切换快捷键：用于打开或关闭增量模式的快捷键。按下一次该按键，切换一次增量模式打开和关闭的状态。如果当前增量模式为关闭状态，按下一次该按键则打开增量模式。再按下一次该按键，则关闭增量模式。

以上便是 ABB 示教器中间一组动作模式切换按键的功能和使用方法。

（3）程序调试按键　在 ABB 示教器触摸屏右侧下方一组 4 个按键是用于控制机器人程序运行的按键，如图 2-75 所示。4 个按键各自的图示和功能见表 2-3。具体每种按键如何使用，在本书项目 4 程序运行调试中会详细讲解。

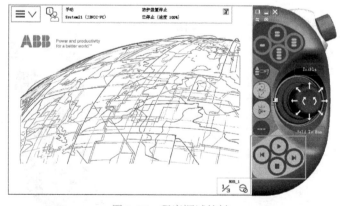

图 2-75　程序调试按键

表2-3　程序调试按键功能对应表

按键图示	按键功能	按键图示	按键功能
	程序连续调试启动按键		程序停止运行按键
	程序后退一步按键		程序前进一步按键

◇◇ 任务实施

1）根据任务要求，首先规划整个操作的机器人运行轨迹。整个任务要求需要搬运12个工件进行叠放，等于将1个工件拾取放置过程重复操作12次，因此需要规划单个工件的拾取放置轨迹，绘制轨迹的流程图，如图2-76所示。

2）首先正确手持示教器，观察机器人当前的位姿，确保控制机器人运动过程中，机器人不会发生碰撞或危险。

3）确保机器人处于手动模式下，确定各急停开关可以正常使用，尝试可编程按键可以控制吸盘的吸气和放气。

4）使用快捷键将机器人切换至单轴运动模式，如图2-77所示。

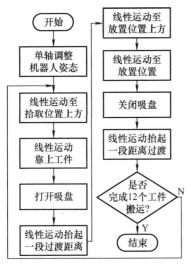

图2-76　绘制轨迹流程

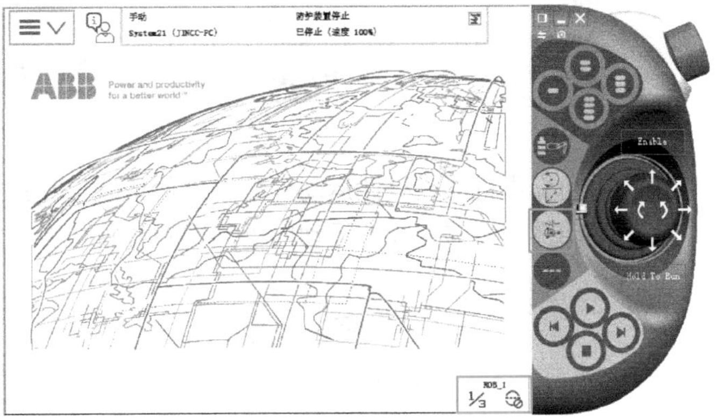

图2-77　切换单轴运动

5）手动操作机器人单轴运动至一个方便抓取和释放工件的姿势，即6轴角度为［0°，0°，0°，0°，90°，0°］的位置，如图2-78所示。

6）使用快捷键切换到线性运动模式，如图2-79所示。

7）手动操作机器人线性运动到工件位置的上方，位置如图2-80所示。

8）使用可编程按键打开吸盘，拾取工件。

9）手动操作机器人线性运动抬起，在上方位置进行过渡，如图2-81所示。

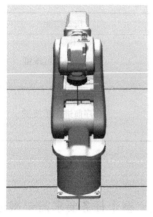

图 2-78　运动到
[0°，0°，0°，0°，90°，0°]

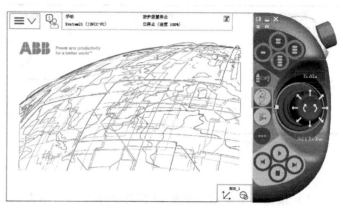

图 2-79　切换到线性运动模式

图 2-80　机器人移动到工件上方

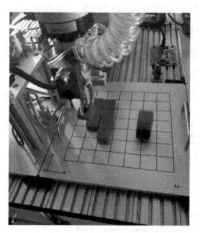

图 2-81　机器人携带工件抬起

10）手动操作机器人线性运动到放置元件位置上方进行过渡，如图 2-82 所示。

11）手动操作机器人线性运动向下移动到放置位置，如图 2-83 所示。

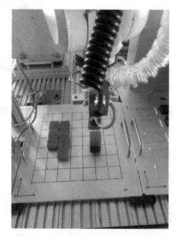

图 2-82　机器人在放置位置上方过渡

图 2-83　机器人移动到放置位置

12）按下可编程按键关闭吸盘，放置工件。

13）手动操作机器人线性运动抬起一段距离过渡，如图 2-84 所示。

14）按照相同的方法，重复 7）～13）步骤，依次叠放其余 11 个工件，如图 2-85 所示。

图 2-84　机器人抬起过渡

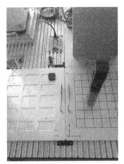

图 2-85　机器人完成 12 个工件的叠放

15）整个过程需要熟练掌握手动操作机器人线性运动的方法，经过反复练习，避免误动作和碰撞的发生，保证叠放工件不倾斜、不倒塌。

◇◆ 任务拓展

　　正确应用示教器，通过手动操作界面切换运动模式为线性运动模式，熟练掌握 ABB 机器人线性运动的操作方法。使用快捷键选择正确的坐标系，切换运动模式，调整运动速度，在手动操作模式下，控制机器人以线性运动的方式拾取托盘上的工件，将 12 个杂乱无章排列的工件进行整齐的叠放，如图 2-86 所示。要求 12 个工件叠放整齐，不倾斜，不倒塌，操作过程中不出现误动作和碰撞等现象，要符合安全操作的要求。

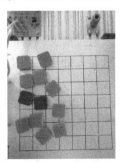

图 2-86　整齐叠放 12 个杂乱的工件

任务 3　手动操作机器人重定位运动

◇◆ 任务描述

　　正确应用示教器，通过手动操作界面，熟练掌握 ABB 机器人重定位运动的操作方法。理解机器人工具坐标系的作用，熟练掌握创建工具坐标系的方法。应用创建的工具坐标系，通过示教器手动操作机器人进行重定位运动，使携带画笔工具的机器人，在同一位置不断调整机器人的姿态，如图 2-87 所示。要求创建工具坐标系时的误差小于 3mm，机器人改变姿态过程中画笔始终与参考点保持相对静止。操作过程不出现误动作和碰撞等现象，要符合安全操作的要求。

◇◇ 任务目标

1）理解工具坐标系的作用。
2）掌握工具坐标系创建的方法。
3）掌握手动操作机器人重定位运动的方法。

◆◇ 相关知识

1. 基本知识

本任务中要求手动控制机器人，通过重定位运动，在不改变机器人位置的情况下，不停地改变机器人的姿态，如图2-87所示。这在焊接、喷涂、打磨、抛光等很多应用场合十分常见。例如在焊接应用中，机器人需要携带焊枪对焊缝进行焊接。焊接过程中首先要保证机器人携带的焊枪能够准确地靠上焊点；保证焊接的牢固性；同时根据焊接工艺的要求，也需要保证焊枪的焊接角度是确定的，所以时常需要让机器人在焊点处改变机器人的姿态，从而获得更好的焊接角度。想要实现机器人的重定位

图2-87 机器人在固定点重定位运动

运动，离不开一个精确的工具坐标。因此本任务中首先介绍工具坐标系，再讲解工具坐标系创建的方法，最后使用创建的工具坐标系来控制机器人进行重定位运动。

（1）工具坐标系 在之前的任务中，已经讲解了机器人的坐标系。机器人坐标系主要包括4大类——大地坐标系、基坐标系、工具坐标系和工件坐标系，除工具坐标系外，其他三类坐标系在前一个任务中已经讲解。通过前文内容的学习可知，在已经建立了基坐标系或工件坐标系的前提下，已经能够确定机器人处于空间中的某一个确定的位置。那么为什么还需要来新建工具坐标系呢？

1）工具坐标系的作用。工具坐标系可以由用户来创建多个，而工具坐标系是用于定义工业机器人末端执行工具的中心点和工具姿态的。通过前面内容的学习，我们知道工业机器人的本体是从工业机器人的1轴至工业机器人的6轴法兰盘位置。单独的工业机器人本体，在不携带任何工具的情况下，无法完成任何生产工作。因此在实际应用过程中，工业机器人末端六轴法兰盘上必然安装有工具。操作机器人时，我们显然更想要以工具的尖点作为参考点来进行操作，因此就需要根据携带的不同工具，以工具的尖点为参考点设定工具坐标系。工具坐标系就是用来确定机器人的工具所处的位置以及工具姿态的坐标系。工具坐标系的主要作用有以下两方面。

① 工具坐标系与基坐标系或工件坐标系共同决定机器人的位置数据。在线性运动模式下，我们观察到的机器人的位置数据是以基坐标系或工件坐标系作为基准的。但是机器人是一个有一定体积的设备，而坐标值只是一个点。工具坐标系的原点便是这个确定机器人位置数据的点。

② 工具坐标系与基坐标系或工件坐标系方向的关系决定机器人的姿态。工业机器人处于空间中的同一点时，它的姿势是有很多种情况的。我们在控制机器人时不仅需要机器人能

够准确到达空间中的某一点，还要求机器人按照规定的姿势到达这一点。因此单独使用一个基坐标系或工件坐标系便无法实现，我们通过工具坐标系与基坐标系或工件坐标系的夹角来确定机器人的姿势。

因此，我们对于机器人的控制不再仅是控制机器人的位置了，而是要进一步来控制机器人的位姿，既包括机器人的位置，也包括机器人的姿态。以上便是工业机器人工具坐标系的重要作用。工业机器人要想在实际应用过程中实现具体的功能，必然会携带工具，因此也需要根据工具的不同创建不同的工具坐标系。

2) 默认工具坐标系。既然工具坐标系的意义如此重要，那么没有工具坐标系的机器人将无法工作，所以在机器人出厂时，机器人的系统已自带了一个默认的工具坐标系，名字是tool0。默认的工具坐标系 tool0 位于机器人六轴法兰盘的中心处，如图 2-88 所示。默认的工具坐标系 tool0 能够保证机器人在没有用户创建工具坐标系或未携带工具时，标记和控制机器人的位姿。此外默认工具坐标系还有一个重要的作用，便是作为其他工具坐标系创建的基准。用户创建工具坐标系的原理是以默认工具坐标系为基准，在此基础上来进行位置和角度的变化，并记录工具的重心和重量参数。

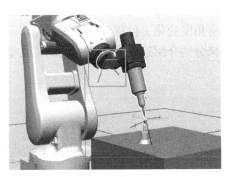

图 2-88 默认工具坐标系 tool0

3) 工具中心点（TCP）。工具坐标系的原点也叫作工具坐标系中心点，英文是"Tool Center Point"，简称TCP。例如默认工具坐标系tool0的TCP位于六轴法兰盘的中心处。工具中心点（TCP）位于基坐标系或工件坐标系中的位置，记录了机器人的位置数据。当工业机器人进行线性运动时，实际上是工业机器人的TCP沿直线运动。线性运动模式下，工业机器人的运动速度也是以TCP的速度为参考的。因此工具中心点（TCP）是一个很重要的概念。

4) 工具坐标系的组成。前文已经介绍了工具坐标系的创建原理，以默认工具坐标系tool0为基准，在此基础上进行位置和角度的变化，并记录工具的重量和重心参数。因此工具坐标系主要包括是否加装工具、工具坐标系相比默认工具坐标系的变化、工具重量重心参数三组数据，见表2-4。

表 2-4 工具坐标系的组成

组 件	标 识	描 述
robhold	robhold（TRUE；FALSE）	① TRUE：工业机器人法兰盘安装工具 ② FALSE：工业机器人法兰盘不安装工具，工具固定在其他位置
rframe	trans（x，y，z）	相较于默认工具坐标系tool0的TCP的位置，单位为mm
	rot（q1，q2，q3，q4）	相较于默认工具坐标系tool0，工具坐标系的角度值变化
tload	mass	工具的负载重量，单位为kg
	cog（x，y，z）	工具的中心，相距默认工具坐标系tool0的TCP的距离，单位为mm
	aom	相较于默认工具坐标系tool0，工具载重时力矩的角度

（2）工具坐标系的创建方法 用户可以根据工业机器人加装的不同工具，来创建多个工具坐标系。创建工具坐标系的基本原理是基于默认工具坐标系tool0，在此基础之上完成

工具坐标系数据的填写，标注新建工具坐标系、相较于默认工具坐标系位置和角度的变化以及工具的重心和重量参数。因此在创建工具坐标系的过程中，主要分为两大步骤。第1步便是进行工具的重量重心参数的设定。第2步是设定新的工具坐标系相较于默认工具坐标系 tool0 的角度和位置的变化。

根据工具坐标系创建方法的不同，工业机器人的工具主要分为两大类。第1类如图 2-89 所示，此类工具结构规则、对称，新的 TCP 无角度变化。对于此类工具坐标系的创建，只需要根据实际工具的情况，输入相应的位置变化和重量重心参数即可。第2类如图 2-90 所示，此类工具结构不规则不对称，新的 TCP 与默认工具坐标系 tool0 相比，既有位置变化，又有角度变化。位置和角度变化测算起来很困难。此类工具坐标系使用 6 点法进行创建。接下来分别介绍这两类工具对应的工具坐标系的创建方法。

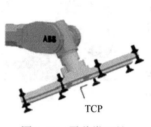
图 2-89　平移类工具

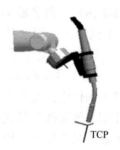
图 2-90　旋转类工具

1) 平移类工具坐标系创建。如图 2-89 所示，搬运薄板质量是 25kg，重心沿默认 tool0 的 Z 方向偏移 250mm，TCP 设定在吸盘的接触面上，沿默认 tool0 的 Z 方向偏移了 300mm。掌握了这些数据后，直接在示教器上的"工具坐标"中进行这些数值的设定即可。具体操作如下。

① 在手动操纵界面中单击"工具坐标"，打开工具坐标界面，如图 2-91 所示。

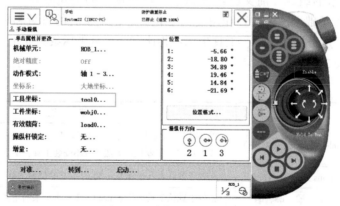
图 2-91　单击"工具坐标"

② 观察工具坐标界面，可以发现工具坐标中已经包含了一个默认的工具坐标系 tool0。单击"新建"，创建新的工具坐标系，如图 2-92 所示。

③ 根据需要设定工具坐标的属性，主要设定工具坐标系的名称，以方便区分。其余参数一般情况下不需要进行修改，如图 2-93 所示。单击"初始值"来设定工具坐标系的参数。

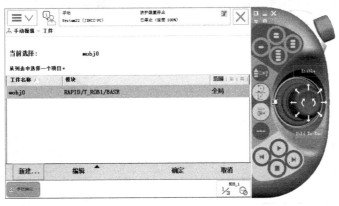

图 2-92 新建工具坐标系

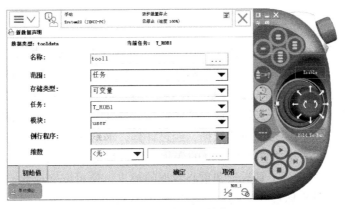

图 2-93 单击"初始值"

④ 在参数设定中找到以"trans"开头的数据，设定偏移的距离。新的 TCP 设定在吸盘的接触面上，沿默认工具坐标系 tool0 的 Z 方向偏移 300mm。在这一栏中输入"300"，然后单击向下翻页，如图 2-94 所示。

图 2-94 设定位置偏移

⑤ 找到"mass"和"cog"开头的界面，分别输入重量和重心偏移参数。此工具重量为

25kg，重心沿默认工具坐标系 tool0 的 Z 的正方向偏移 250mm，在画面中输入相应的数值，然后单击"确定"即可，如图 2-95 所示。

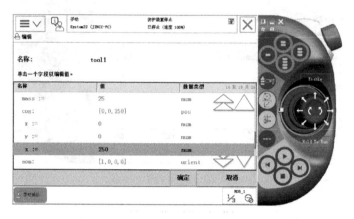

图 2-95　输入重量和重心数据

2）旋转类工具坐标系创建。如图 2-90 所示，此类工具坐标系相较于默认工具坐标系 tool0，位置和角度都有变化。并且两者都不容易直接测量，因此此类工具坐标系的创建使用 6 点法。6 点法创建工具坐标系的原理是，找到工作范围内一个固定点作为参考点，用工具坐标系的 TCP，以不同的姿态去靠近这一个固定点，并且记录下当前姿态的数据，机器人会根据同一个固定点的不同姿态的位置数据，经过计算，求出新的工具坐标系相较于默认的工具坐标系 tool0 在 X、Y、Z 方向和角度上的变化，从而解决此类工具坐标系的位置和角度变化难以测量的问题。再进行工具重量和重心数据的输入，便可以完成此类工具坐标的创建。6 点法标定机器人工具坐标系的过程大致可以分为以下几步。

① 工业机器人工作范围内，找一个非常精确的固定点作为参考点。

② 在工具上确定一个参考点，最好是工具的中心点。

③ 用之前学习的手动操纵工业机器人的方法，移动工具上的参考点，以最少 4 种不同的工业机器人姿态，尽可能靠近固定点。为了获得更准确的 TCP，在以下的例子中使用 6 点法进行操作。前 3 个点机器人以不同的姿态，刚好靠上固定点；第 4 点是工具的参考点垂直于固定点；第 5 点设定于 X 正方向的延伸方向；第 6 点设定于 Z 正方向的延伸方向；根据右手定则，确定了 X 和 Z 的方向，那么 Y 的正方向也相应地确定了。其中前 3 个点机器人的姿态差别越大，新的 TCP 的准确度就越高。

④ 工业机器人系统通过这 6 个位置点的数据进行计算，求得 TCP 的角度和偏移的数据，填入工具坐标"trans"开头的数据组中。

以图 2-90 的工具为例，创建旋转类工具坐标系的具体操作步骤如下：

① 按照平移类工具坐标系创建的方法，创建新的工具坐标系，并输入新的工具的重心和重量参数。其中不需要进行第 4 步，第 4 步工具坐标的偏移距离，由 6 点法测算得到。

② 在手动操作界面打开"工具坐标"一栏，如图 2-96 所示。

③ 在工具坐标界面选中新建的工具坐标系，单击"编辑"，选择"定义"，如图 2-97 所示。

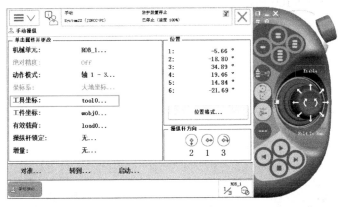

图 2-96　打开工具坐标界面

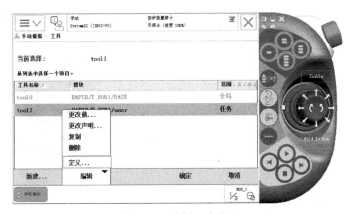

图 2-97　选择"定义"

④ 选择"TCP 和 Z，X"方法设定 TCP，如图 2-98 所示。

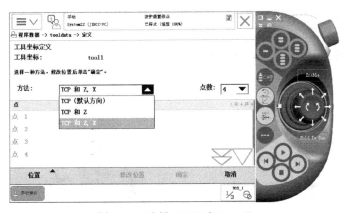

图 2-98　选择"TCP 和 Z，X"

　　⑤ 使用快捷键选择单轴运动模式，在安全的地方调整机器人的姿态，如图 2-99 所示。
　　⑥ 使用快捷键调整为线性运动模式，以当前的姿态缓慢移动机器人靠近固定点，刚好靠上固定点时停下来。如果操作不熟练，可以在将要靠近固定点时使用快捷键打开增量模式

缓慢靠近固定点，如图 2-100 所示。

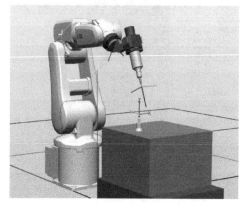

图 2-99　调整机器人的姿态

图 2-100　以点 1 姿态靠近固定点

⑦ 选中"点 1"，单击"修改位置"，将点 1 的位置记录下来，如图 2-101 所示。

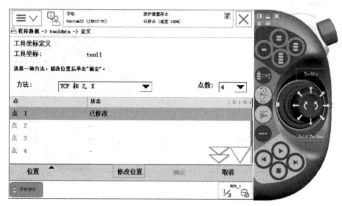

图 2-101　记录点 1 的位置

⑧ 使用线性运动模式抬起机器人，切换为单轴运动模式，调整机器人的姿态，如图 2-102 所示。

⑨ 切换为线性运动模式，缓慢靠近固定点，刚好靠上固定点时停下来，如图 2-103 所示。

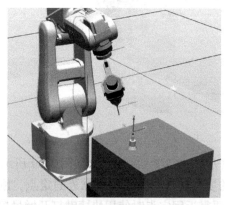

图 2-102　调整机器人姿态

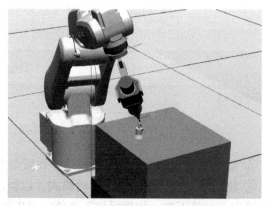

图 2-103　以点 2 姿态靠近固定点

⑩ 选中"点2",单击"修改位置",将点2位置记录下来,如图2-104所示。

图 2-104　记录点 2 的位置

⑪ 以相同的方法控制机器人以第3个姿态靠近固定点,如图2-105所示,并记录点3的位置,如图2-106所示。

图2-105　以点3姿态靠近固定点

图 2-106　记录点 3 的位置

⑫ 用同样的方法调整机器人的姿态,让工具垂直靠近固定点,如图2-107所示,并记录4的位置,如图2-108所示。

图2-107　垂直靠近固定点

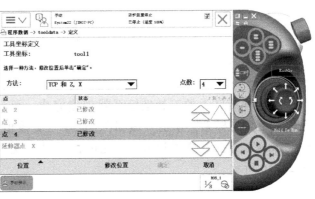

图 2-108　记录点 4 的位置

⑬ 直接标定 X 正方向的延伸方向，在延伸方向上任意一点停下来，如图 2-109 所示，并记录延伸器点 X 的位置，如图 2-110 所示。

图 2-109　移动到 X 正方向延伸
方向上一点

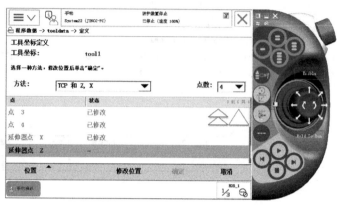

图 2-110　记录延伸器点 X 的位置

⑭ 将机器人移动回点 4 的位置，垂直靠近固定点。然后抬起机器人，移动到 Z 的正方向延伸方向上任意一点，停下来，如图 2-111 所示。记录延伸器点 Z 的位置，如图 2-112 所示。

图 2-111　移动到 Z 正方向延伸
方向上一点

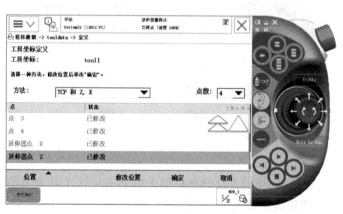

图 2-112　记录延伸器点 Z 的位置

⑮ 单击"确定"，进入误差界面，如图 2-113 所示。

⑯ 对误差进行确认，误差越小越好，但也要以实际验证的效果为准，如图 2-114 所示。然后单击"确定"，注意观察界面中的 X、Y、Z 的偏移量和角度偏移量。

⑰ 这样旋转类的工具坐标系就创建完成，可以使用了。在工具坐标界面选中创建完成的工具坐标系，单击"编辑"，选择"更改值"，如图 2-115 所示。找到工具坐标中"trans"开头的位置和角度变化值，可以发现 6 点法生成的数据已经填入其中，如图 2-116 所示。

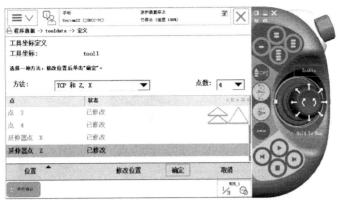

图 2-113 单击"确定"生成误差

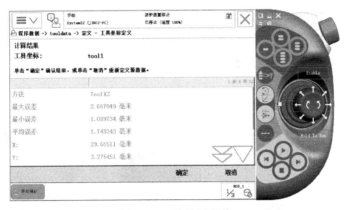

图 2-114 确认误差值

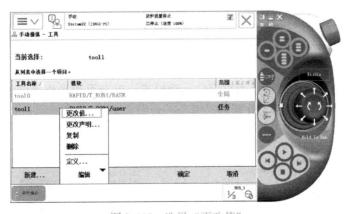

图 2-115 选择"更改值"

至此一个旋转类的工具坐标系便创建完成了。

（3）重定位运动操作的方法　给工具标定完工具坐标系后，便可以应用工具坐标系来进行重定位运动，实现本任务的任务要求。接下来介绍如何选择工具坐标系并进行重定位运动的操作方法。机器人的重定位运动是机器人保证当前位置不变的情况下，绕着所选择的工具坐标系的特定轴进行旋转，如图 2-117 所示。运动的方法主要有以下几步：

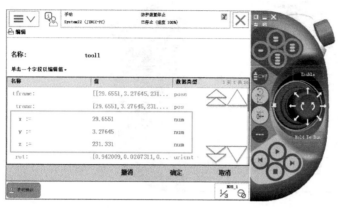

图2-116 偏移和角度值已经输入

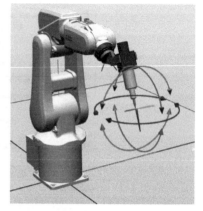

图2-117 重定位运动

1）通过 ABB 示教器的主功能菜单进入手动操作界面，如图2-118 所示。

2）通过手动操作界面的"动作模式"一栏或者快捷键将机器人的运动模式切换为线性运动模式。然后移动机器人靠近准备进行重定位运动的固定点，如图2-119 所示。

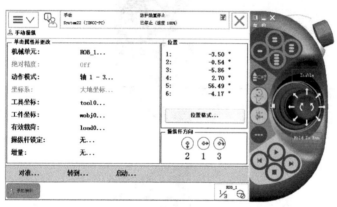

图2-118 手动操作界面

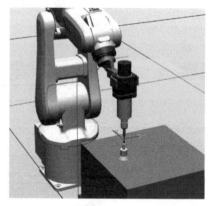

图2-119 靠近固定点

3）将机器人的运动模式切换为重定位运动模式。单击手动操作界面的"工具坐标"一栏切换为工具坐标系，如图2-120 所示。

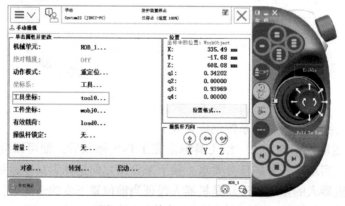

图2-120 单击"工具坐标"

4）选择预先创建好的工具坐标系 tool1，单击"确定"，如图 2-121 所示。

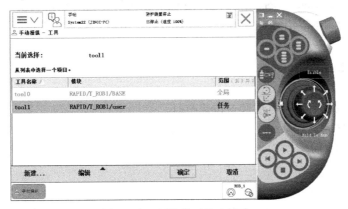

图 2-121　切换为工具坐标系

5）按下使能器按键拨动摇杆，根据手动操作的提示控制机器人进行重定位运动即可。机器人可以在保证工具位置不变的情况下，不停改变其姿态。

2. 拓展知识

到目前为止，本书已介绍了手动操作机器人的三种方法和手动操作界面的绝大部分内容。除了前面讲解的所有内容外，手动操作界面中还有两个功能未介绍，分别是绝对精度、有效载荷。这两种功能只在某些特殊情况下才会使用，下面介绍这两部分功能及其使用方法。

（1）绝对精度　默认情况下，机器人手动操作界面的绝对精度功能是关闭的，如图 2-122 所示。机器人的绝对精度功能是 ABB 机器人的功能选项包，想要使用绝对精度功能，首先要使 ABB 机器人系统配备绝对精度功能。ABB 机器人的绝对精度功能对应的功能选项包是 603－1 绝对精度（Absolute Accuracy）。只有开启了 603－1 功能选项包的 ABB 机器人，才能够打开绝对精度功能。功能选项包需要向 ABB 公司进行购买，在出厂时或应用过程中开启功能选项。ABB 机器人的功能选项包有很多，603－1 只是其中的一个，更多的功能选项包功能可以参考 ABB 机器人功能介绍的说明书。

图 2-122　手动操纵的绝对精度

绝对精度功能是通过 ABB 系统的软件算法来降低机器人的位置误差。使用绝对精度功能可以将误差降低到 1mm 以内,实际运行过程中,TCP 的重复到达精度可以控制在 0.2mm 以内。绝对精度功能可以消除重复运行过程中的累计误差,可以补偿机器人运行过程中的机械偏差。

绝对精度功能主要用于线性运动模式,对于位置坐标类的控制起到误差补偿作用,主要在以下几种情况下发挥作用:

① 基于 robtarget 类型的点位和点位修改时。

② 重定位旋转时。

③ 直线运动时。

④ 工具坐标系定义时。

⑤ 工件坐标系定义时。

绝对精度仅作用于笛卡儿坐标系,而非机器人关节,所以不会改善关节角度类型的数据精度。对于倒挂的机器人,绝对精度必须在机器人倒挂时进行计算和补偿。绝对精度在以下情况下不会激活:

① 基于 jointtarget 的运动。

② 独立轴的运动。

③ 转轴的运动。

④ 外轴的运动。

⑤ 导轨的运动。

(2) 有效载荷 机器人手动操作界面中最后一个介绍的功能是有效载荷。在进行工业机器人工具标定时,我们需要标定工具的重量和重心数据。工具的重量和重心会影响机器人各个电动机运行的状态。而在搬运类应用的工业机器人中,除了工具的重量外,工件的重量和重心也会影响到机器人各轴电动机的运行状态。有效载荷数据便是来补偿这一影响的数据。因此对于搬运应用的工业机器人,应该正确设定工具的重量和重心数据(包含在工具坐标中)以及搬运对象的重量和重心数据(包含在有效载荷中)。

有效载荷是记录机器人携带的工件的重量和重心数据的参数,其中包括了工件的重量、工件的重心相较于工具坐标系的位置以及扭矩和惯量等信息。当机器人的工具携带有重物时,要加载有效载荷数据。机器人工具不携带重物时要卸载有效载荷数据。ABB 机器人系统在出厂时已经配置了默认的空载有效载荷数据 load0,如果用户不设定有效载荷数据或空载,ABB 机器人系统会加载空载的有效载荷数据 load0。

接下来以一个质量为 5kg,重心为 X = 50mm,Y = 0mm 和 Z = 50mm 的工件为例,进行有效载荷的设定,介绍有效载荷的设定方法和使用方法。

1)打开 ABB 机器人手动操作界面,单击手动操作界面中的"有效载荷",打开有效载荷界面,如图 2-123 所示。

2)在有效载荷界面中已经有默认的一个空载数据 load0。单击"新建",创建新的有效载荷数据,如图 2-124 所示。

3)根据需要调整有效载荷的属性。首先需要起一个方便记忆和区分的名称,其他参数一般情况下不需要进行调整。然后单击"初始值",如图 2-125 所示。

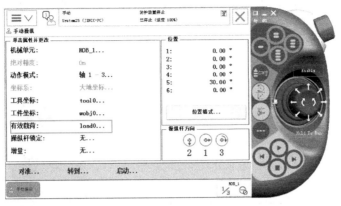

图2-123 打开有效载荷界面

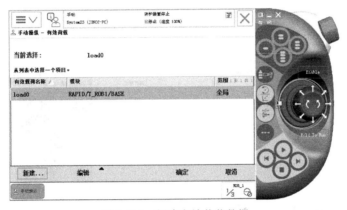

图2-124 新建有效载荷数据

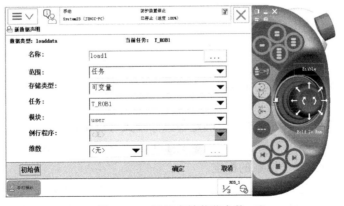

图2-125 设置有效载荷参数

4）在"mass"一栏中，输入重量数据"25"，在"x""y""z"中输入相应的重心数据即可，如图2-126所示。然后单击"确定"即可。

创建完成的有效载荷可以在手动操作界面打开有效载荷数据界面进行调用使用，也可以在程序中通过指令进行加载使用。图2-127所示为程序中加载有效载荷load1的指令。当机器人携带重物时，加载 load1；当机器人卸下重物时，加载空载有效载荷数据 load0 即可。

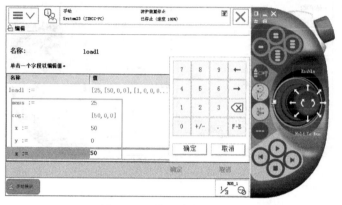

图 2-126　输入参数的数值

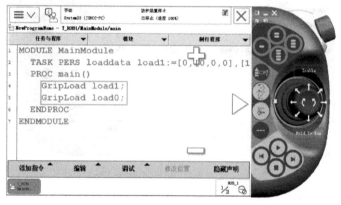

图 2-127　加载有效载荷

任务实施

1）首先正确手持示教器，观察机器人当前的位姿，确保控制机器人运动过程中，机器人不会发生碰撞或危险。

2）确保机器人处于手动模式下，确定各急停开关可以正常使用。

3）确定机器人的画笔工具已经准确定义了工具坐标系，如果没有进行工具坐标系的定义，按照 6 点法进行工具坐标系的标定。

4）切换运动模式为线性运动模式，控制示教器，操作机器人缓慢移动靠到目标点上，如图 2-128 所示。如果操作不熟练，可以在接近目标点位置停下来，切换增量模式缓慢靠上目标点。

5）将运动模式切换为重定位运动模式，根据手动操作界面的提示，按下使能器按键，拨动示教器摇杆，控制机器人分别沿着工具坐标系三个轴的方向旋转。在不改变机器人姿态的情况下，不停地变化机器人的姿态，如图 2-129 所示。

图2-128 机器人靠上目标点

图2-129 重定位运动改变机器人姿态

6）工具坐标系标定的准确度，影响机器人重定位运动的准确度。如果机器人重定位运动时发生了位移，那说明机器人的工具坐标系标定具有一定偏差，需要重新应用6点法标定机器人的工具坐标系。

7）反复练习机器人6点法的工具坐标系标定，提高标定精度和机器人操作熟练度。控制机器人标定工具坐标系最大误差不超过3mm，提高控制精度。

◆ 任务拓展

正确应用示教器，通过手动操作界面，熟练掌握ABB机器人重定位运动的操作方法。理解机器人工具坐标系的作用，熟练掌握创建工具坐标系的方法。应用6点法标定机器人画笔工具的工具坐标系，要求工具坐标系的向右方向为X的正方向，而向下方向为Z的正方向。通过重定位运动验证机器人工具坐标系的正确性和正方向。

思考与练习

1. 列举工业机器人手动操作运动的几种运动模式和运动特点。

2. 列举机器人坐标系的几种类型以及每类坐标系对于机器人运动的作用。

3. 列举机器人操作界面具有的功能配置及每部分的作用。

4. 手动操作机器人运动到各个轴为0°的位置，并观察机器人的各轴是否回到了机械原点位置。

5. 手动操作机器人，控制机器人从空间中任意位置、任意姿态，移动到图2-130所示的位姿。

6. 创建吸盘工具的工具坐标系，并能够控制机器人吸盘进行重定位运动，误差不超过3mm。

7. 在工作台上以任意表面为参考面，创建一个Z方向向上的工件坐标系，并通过线性运动验证工件坐标系的正确性。

图2-130 目标姿态

ABB机器人离线编程

随着工业自动化市场竞争压力日益加剧，客户在生产中要求更高的效率，以降低价格，提高质量。离线编程是对机器人在计算机上进行编程调试，使用计算机仿真软件对机器人程序进行虚拟仿真，具有可视化的工作界面，可以在工业机器人工作站系统搭建的同时进行工业机器人程序的编程调试，并且有自动调试工具的辅助，可以方便地对工业机器人应用系统的工作流程进行验证。在产品制造的同时对机器人系统进行编程，可提早开始产品生产，缩短上市时间。本项目将结合虚拟工具参数配置、捕捉模型轨迹编程、在线运行与调试等离线编程的功能来实现常见工业应用场景下的工业机器人离线编程。

任务1　工业机器人涂胶工作站离线编程

◆◆◆ 任务描述

对机器人涂胶工作站进行离线编程，设定主盘工具的本地原点，创建工具坐标系框架，生成工具并保存库文件。

◆◆◆ 任务目标

1）能够正确配置工具参数。

2）能够生成对应工具的库文件。

◆◆◆ 相关知识

1. 基本知识

在构建工业机器人工作站时，机器人法兰盘末端会安装用户自定义的工具，我们希望的是用户工具能够像 RobotStudio 模型库中的工具一样，安装时能自动安装到机器人法兰盘末端并保证坐标系方向一致，并且能够在工具的末端自动生成工具坐标系，从而避免工具方面的仿真误差。本任务中，我们学习如何将导入的 3D 工具模型创建成具有机器人工作站特性的工具。

（1）工具的本地原点　本地原点又称本地中心点、本地坐标，是物体的坐标点。在导入工具的三维模型时，本地原点一般情况下是其他三维模型软件的建模原点，并不符合工业机器人工作站工具安装的实际位置。在此情况下，需要重置工具的本地原点，使得工具在安装到机器人末端时，符合实际的工具位置。

（2）工具坐标系框架　基坐标系是机器人的基准坐标系（零位坐标系），机器人上除了关节坐标系以外，其他的坐标系都是由基坐标系通过运动学变换而来的，基坐标系一般位于机器人安装底座几何中心位置。

工件坐标系对应工件：定义工件相对于大地坐标系（或其他坐标系）的位置。工件坐标系必须定义于两个框架：用户框架（与大地基座相关）和工件框架（与用户框架相关）。机器人可以拥有若干工件坐标系，或者表示不同工件，或者表示同一工件在不同位置的若干副本。

建立工业机器人
工件坐标

工具坐标系将工具中心点设为零位，用来确定工具的位置和姿态。工具坐标系经常被缩写为 TCPF（Tool Center Point Frame），而工具坐标系中心缩写为 TCP（Tool Center Point）。执行程序时，机器人就是将 TCP 移至编程位置。所有机器人在手腕处都有一个预定义工具坐标系，该坐标系被称为 tool0。这样就能将一个或多个新工具坐标系定义为 tool0 的偏移值。

大地坐标系是固定在空间上的标准直角坐标系，它有自己固定的零点，通常被用来当作处理多个机器人安装位置或由外轴移动的机器人的位姿基准。在默认情况下，大地坐标系与基坐标系是一致的。

（3）库文件　在 RobotStudio 模型库中，已经有了通用工业机器人、典型工具等建立好的模型，作为模型库给技术人员调用。对于特定场景的工业机器人离线编程应用，往往没有现成的模型库可以使用，需要自己创建相关的模型。为了下次搭建工业机器人工作站时，能像 RobotStudio 模型库中的工具一样，可直接安装到机器人法兰上，需要对已创建好的工具保存为工具库文件。

2. 拓展知识

外部模型建模与应用

模型的建立与导入

三维模型经常用三维建模工具这种专门的软件生成，但是也可以用其他方法生成。作为点和其他信息集合的数据，三维模型可以手工生成，也可以通过一定的算法生成。尽管通常按照虚拟的方式存在于计算机或者计算机文件中，但是在纸上描述的类似模型也可以认为是三维模型。三维模型广泛用于任何使用三维图形的地方。实际上，其应用早于个人计算机上三维图形的流行。

◇◆◇ **任务实施**

1. 设定工具的本地原点

在图形处理过程中，为了避免工作站地面特性影响视线及捕捉，我们先将地面设定为隐藏，操作步骤如下：

1）通过"基本"功能选项的"导入几何体"导入的工具模型如图 3-1 所示。

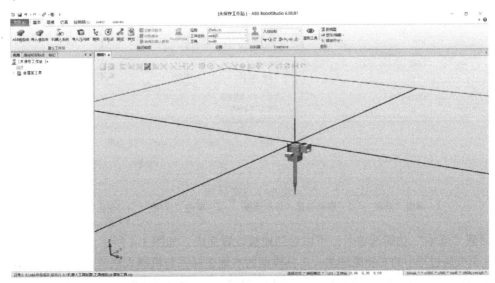

图3-1　工具模型

2）单击"文本"功能选项卡，单击"选项"，如图 3-2 所示。

图 3-2　文本选项卡

1—"文本"选项卡　2—选择"选项"

3）单击"外观"，取消勾选"显示地板"，单击"应用"后单击"确定"，如图 3-3 所示。

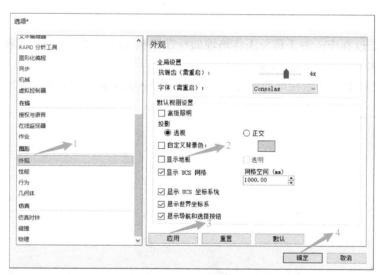

图 3-3　外观设置

1—单击"外观"　2—取消勾选"显示地板"　3—单击"应用"　4—单击"确定"

回到"基本"功能选项卡，可以看到地板设置完成，如图 3-4 所示。

工具安装过程中的安装原理为：工具模型的本地坐标系与机器人法兰盘坐标系 tool0 重合，工具末端的工具坐标系框架即作为机器人的工具坐标系，所以需要对此工具模型做两步图形处

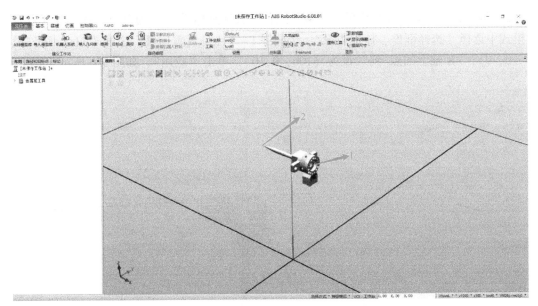

图 3-4 外观设定完成

1—工具法兰盘 2—工具末端

理。首先在工具法兰盘端创建本地坐标系框架，之后在工具末端创建工具坐标系框架。这样自建的工具就有了与系统库默认的工具同样的属性了。设定工具的本地原点的具体步骤如下：

首先对导入工作站的"主盘工具"模型位置进行调整，使其法兰盘所在面与大地坐标系正交，以便于处理坐标系的方向。

1）选中对象，单击鼠标右键，选择"位置"→"放置"→"两点"菜单命令，如图 3-5 所示。

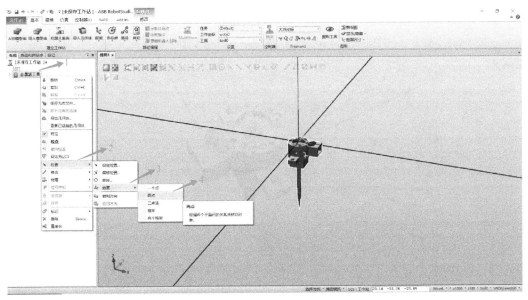

图 3-5 工具位置

1—选中对象 2—选择"位置" 3—选择"放置" 4—选择"两点"

2）将工具法兰盘所在平面的上边缘与工作站大地坐标系的 X 轴重合。选择方式以及捕捉模式中选择"选择部件、捕捉边缘"，来捕捉 1~2 点位置数据值。这里"主点-到"设为（0，0，0），"X 轴上的点-到"设为（100，0，0），单击"应用"，如图 3-6 所示。

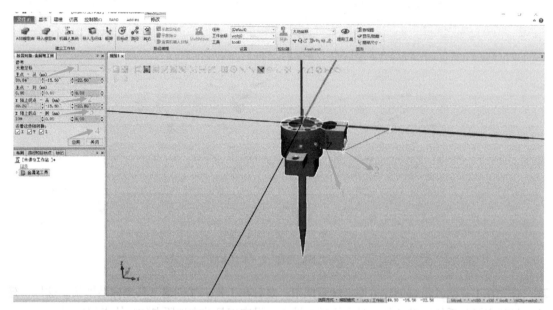

图 3-6 位置调整

1—捕捉对象第一点的数据 2—捕捉对象第二点的数据 3—"X"输入"100" 4—单击"应用"

3）选中对象，单击鼠标右键，选择"修改"→"设定本地原点"菜单命令，如图 3-7 所示。

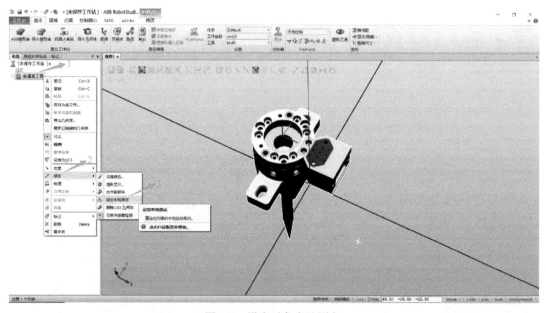

图 3-7 设定对象本地原点

1—选中对象 2—选择"修改" 3—选择"设定本地原点"

4）选择方式以及捕捉模式（选择表面、捕捉圆中心），设定位置里的参考对象为"大地坐标系"，捕捉末端对象圆中心数据值，将其输入到"位置 X、Y、Z"，单击"应用"，如图 3-8 所示。

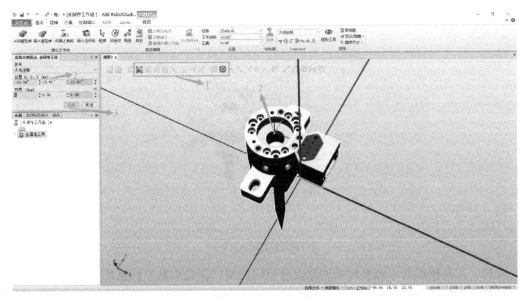

图 3-8　捕捉对象数据

1—选择方式及捕捉模式　2—捕捉对象数据值　3—单击"应用"

5）选中对象，单击鼠标右键，选择"位置"→"设定位置"菜单命令，如图 3-9 所示。

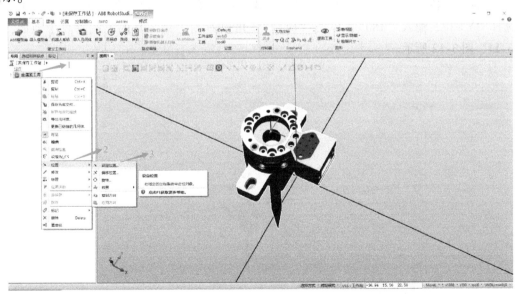

图 3-9　设定位置

1—选中对象　2—选择"位置"　3—选择"设定位置"

6）对设定位置中"位置 X、Y、Z"都输入 0，单击"应用"。至此，工具模型与大地坐标系原点重合，如图 3-10 所示。

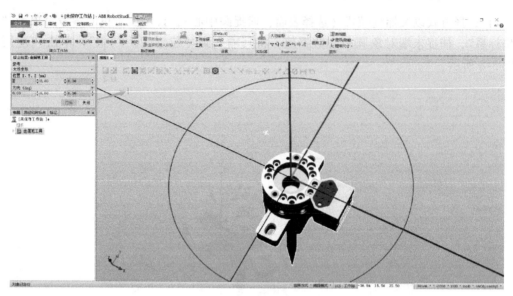

图 3-10　设定工具零点位置

1—设定位置输入 "0"

此时，工具模型的本地坐标系的原点已设定完成，但是本地坐标系的方向仍需进一步设定，这样才能保证安装到机器人法兰盘上的工具姿态是所想要的。设定工具本地坐标系的方向时，要与实际中工具安装的方向一致，可参考如下设定经验：工具法兰盘表面与大地水平面重合，工具末端位于大地坐标系 X 轴正方向。

接下来设定该工具模型本地坐标系的方向。

7）选中对象，单击鼠标右键，选择"位置"→"旋转"菜单命令，在"旋转（Deg）"中选择"Y 轴"，输入"180"，单击"应用"。可以看到主盘工具的末端垂直于地面，如图 3-11、图 3-12 所示。

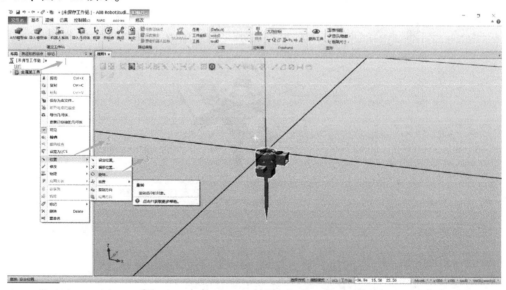

图 3-11　旋转对象

1—选中对象　2—选择"位置"　3—选择"旋转"

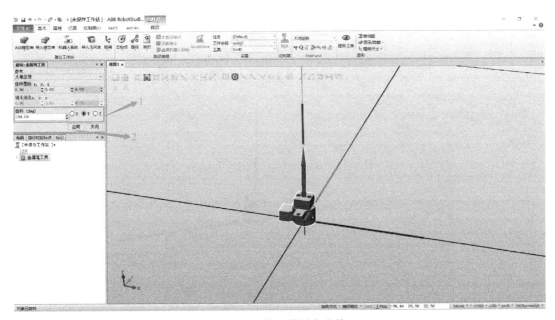

图 3-12 输入旋转角度值

1—输入旋转角度值 2—单击"应用"

此时，大地坐标系的原点和方向与我们所想要的工具模型的本地原点和方向正好重合，下面再来设定本地原点。

8）选中对象，单击鼠标右键，选择"修改"→"设定本地原点"菜单命令，设定本地原点中的数据值全部输入"0"，单击"应用"，如图 3-13、图 3-14 所示。

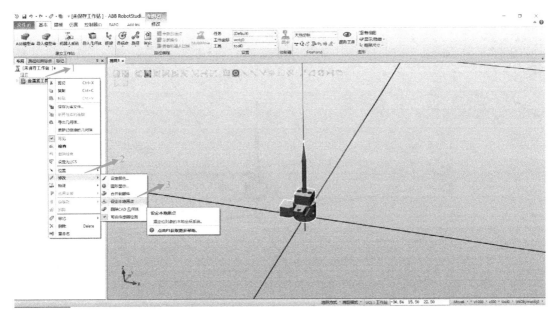

图 3-13 设定本地原点

1—选中对象 2—选择"修改" 3—选择"设定本地原点"

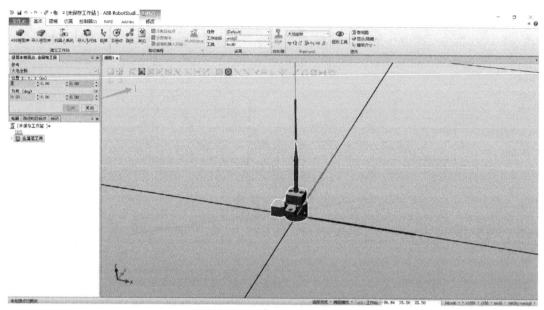

图 3-14　输入设定本地原点的值

1—全部输入 "0"

9）选中对象，单击鼠标右键，选择"位置"→"设定位置"菜单命令，"Z 轴"输入"41"，单击"应用"，如图 3-15 所示。这里之所以对矢量方向的 Z 轴输入 41 值，是因为实际中工具的安装在"主盘工具"上面，而主盘工具的长度值为 41，所以在这里留有 41 的间隔是留给主盘的位置。

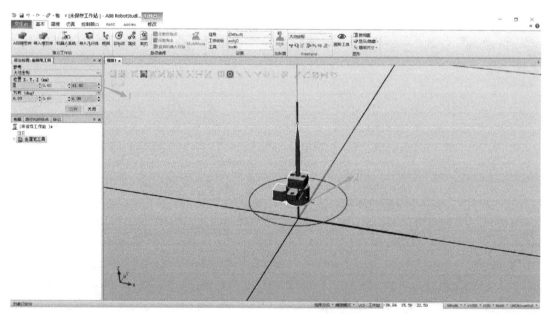

图 3-15　工具 Z 轴递增 41 高度

1—Z 轴输入 "41"　　2—Z 轴偏移距离

这样，该工具模型的本地坐标系的原点以及坐标系方向就已经全部设定完成了。

2. 创建工具坐标系框架

需要在图 3-16 所示框架位置创建一个坐标系框架，在之后的操作中，将此框架作为工具坐标系框架。操作步骤如下：

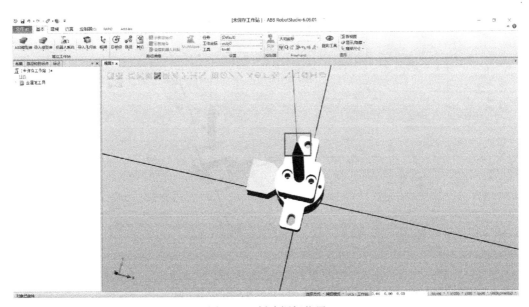

图 3-16 创建框架位置

1) 在"基本"功能选项卡中单击"框架"下拉菜单的"创建框架"，捕捉主盘工具的圆心点作为坐标系框架的原点，单击"创建"，如图 3-17 所示。

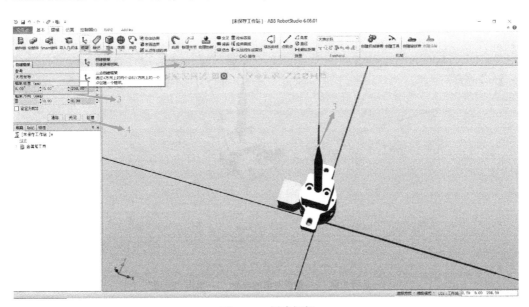

图 3-17 创建框架

1—单击"框架" 2—创建框架 3—捕捉对象圆心 4—单击"创建"

2）生成的框架如图 3-18 所示，接着设定坐标系方向，一般坐标系的 Z 轴与工具末端表面垂直，如图 3-19 所示。

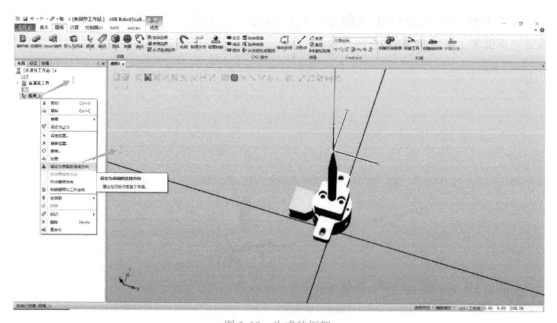

图 3-18　生成的框架

1—选中对象　2—设定为表面的法线方向

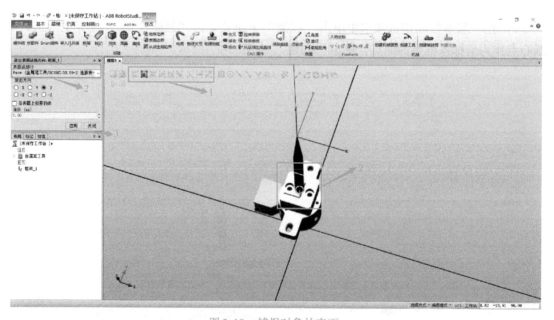

图 3-19　捕捉对象的表面

1—选择表面　2—捕捉对象的表面　3—单击"应用"

这样就完成了该框架 Z 轴方向的设定，至于其 X 轴和 Y 轴的方向，一般按经验，只要保证 Z 轴的方向是垂直于表面，X、Y 采用默认的方向即可。

3）选中对象，单击鼠标右键，选择"设定位置"菜单命令，如图 3-20 所示，设定位置的参考对象为"大地坐标系"，"位置 X、Y、Z"中"Z 轴"输入"5"，单击"应用"。之所以"Z 轴"输入"5"是由于实际当中的工具坐标系原点一般与工具末端有一段距离，为满足实际需求故此设置，如图 3-21 所示。

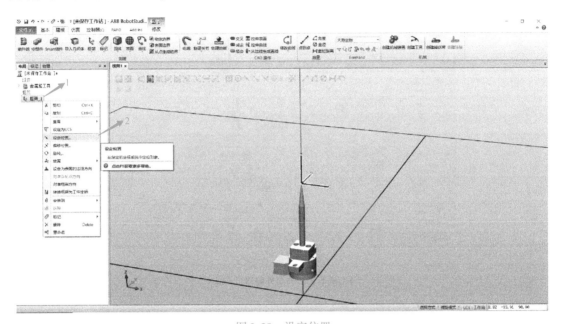

图 3-20　设定位置

1—选中对象　2—设定位置

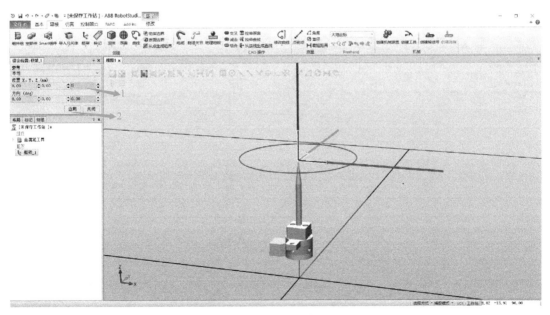

图 3-21　设定工具坐标系距离

1—Z 轴输入"5"　2—单击"应用"

4）设定完成之后，如图 3-22 所示，这样就完成了该框架的设定。

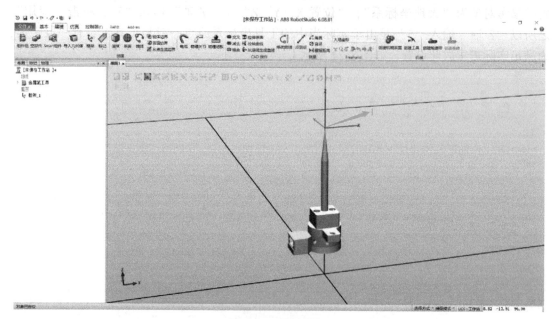

图 3-22　框架设定
1—框架在 Z 轴向外偏移了 5mm

3. 创建工具

创建工具步骤如下：

1）在"建模"功能选项卡中单击"创建工具"，如图 3-23 所示。

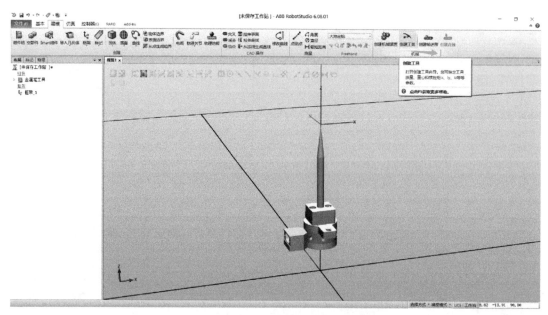

图 3-23　创建工具
1—创建工具

2）在"工具信息"中可将 Tool 名称重命名为"tDiscTool"，"选择组件"中选取"使用已有的部件"，选取的部件为"金属笔工具"，其他参数默认，如图 3-24 所示。

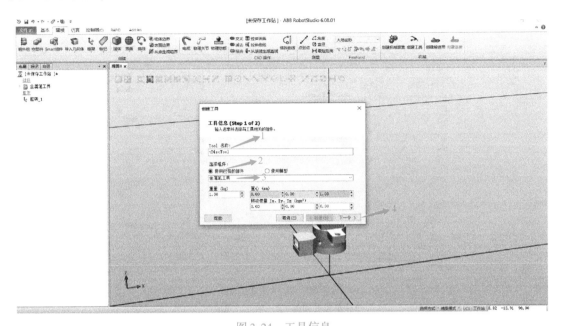

图 3-24　工具信息

1—工具名称　2—选取方式　3—选取对象　4—单击"下一个"

3）"TCP 信息"中的"TCP 名称"采用默认的"tDiscTool"，"数值来自目标点/框架"可通过两种方式选取框架，如通过下拉箭头来选取，或通过布局窗口中选取"框架"添加，如图 3-25 所示。

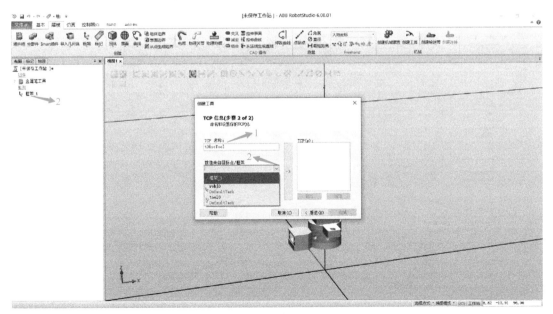

图 3-25　TCP 信息

1—TCP 名称　2—选取"框架"

4）单击导向键，将 TCP 添加到右侧，单击"完成"，如图 3-26 所示。

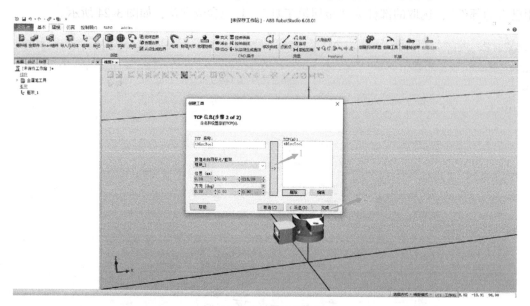

图 3-26 添加 TCP 信息
1—单击导向键 2—单击"完成"

假如一个工具上面创建多个工具坐标系，那就可根据实际情况创建多个坐标系框架，然后在此视图中将所有的 TCP 依次添加到右侧。这样就完成了工具的创建过程。接下来，把创建过程中的辅助图形删除。

5）此时，在布局窗口中可以看到 tDiscTool 图形显示已变成工具图标，将"框架"删除，如图 3-27 所示。

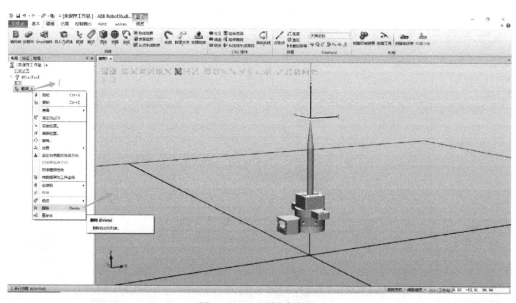

图 3-27 工具创建完成
1—选中对象 2—删除框架

接下来将工具安装到机器人末端，验证创建的工具能否满足需要。

6）从"ABB 模型库"中加载 IRB120 机器人，如图 3-28 所示。

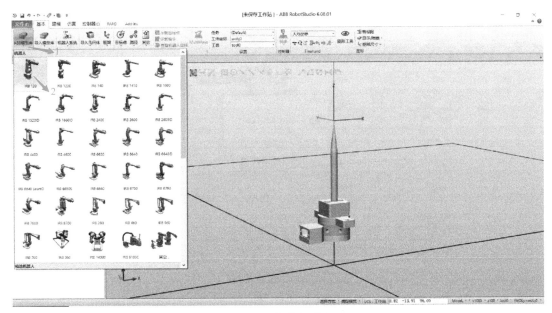

图 3-28　加载机器人

1—ABB 模型库　2—IRB120 机器人

7）鼠标左键单击"tDiscTool"不要松开，拖放到机器人"IRB120"处松开鼠标，单击 "Yes"，如图 3-29、图 3-30 所示。

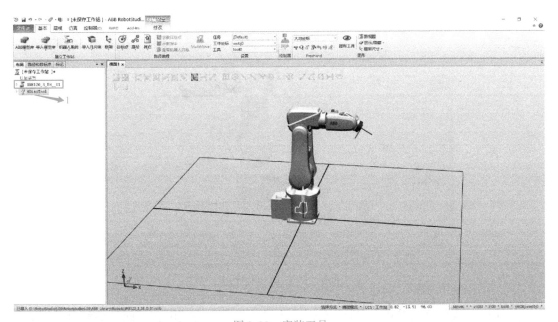

图 3-29　安装工具

1—左键按住对象不松开

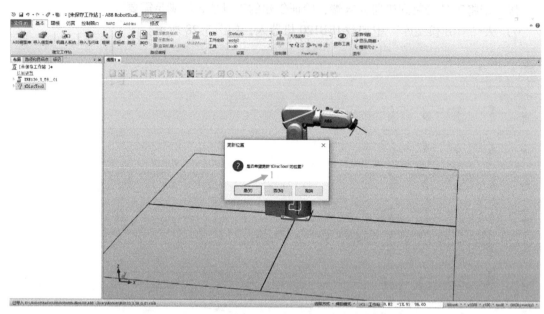

图 3-30　更新位置

1—单击"是"

由图 3-31 我们看到，该工具已安装到机器人法兰盘处，安装位置及姿态正是所需的。至此创建工具的整个过程已完成。

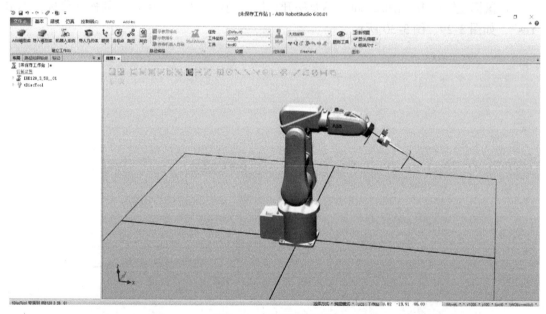

图 3-31　工具安装完成

由图 3-31 我们可以看到，安装到法兰盘上的工具有一定间隔，而间隔的距离是"41"，前面已讲解到设置"41"是因为实际中工具是安装在主盘工具上，而主盘工具是安装在法兰盘上，如图 3-32 所示。

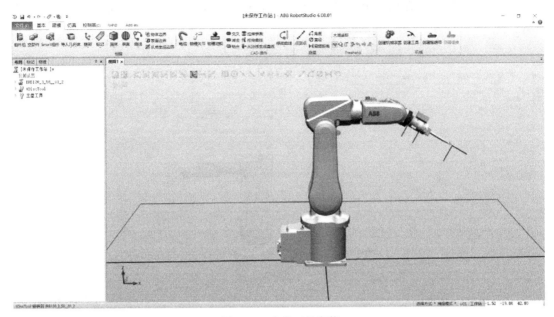

图 3-32　主盘工具安装

4. 工具库文件创建

为了下次搭建工业机器人工作站时，能像 RobotStudio 模型库中的工具一样，可直接安装到机器人法兰上，需要将已创建好的工具保存为工具库文件。具体操作步骤如下：

1）选中"tDiscTool"，单击鼠标右键，选择"保存为库文件"菜单命令，如图 3-33 所示。

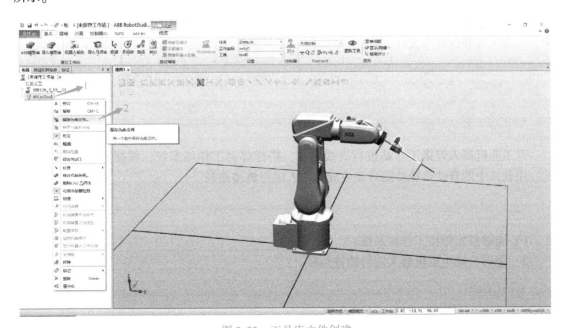

图 3-33　工具库文件创建

1—选择对象　2—保存为库文件

2）选择工具要保存的路径，工具保存的名称可自定义，单击"保存"，如图 3-34 所示。

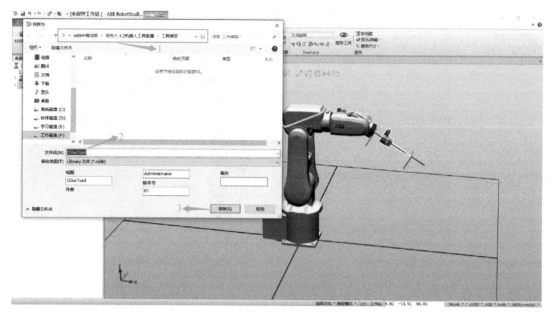

图 3-34 工具库文件保存完成

1—自定义路径 2—工具保存名称 3—完成工具库文件创建

至此，就完成工具库文件创建了。

◈ 任务拓展

导入工业机器人弧焊工作站焊枪模型，设定焊枪工具的本地原点，创建工具坐标系框架，生成工具并保存库文件。

任务 2 工业机器人焊接工作站离线编程

◈ 任务描述

对工业机器人焊接工作站进行离线编程，搭建焊接工作站系统，根据三维模型曲线特征，用软件中的自动路径功能自动生成机器人运行轨迹路径。

◈ 任务目标

1）能够搭建焊接工作站系统。

2）能够自动生成机器人运行轨迹路径。

◈ 相关知识

1. 基本知识

工业机器人虚拟仿真软件 RobotStudio 可用于搭建焊接工作站系统，焊接工作站包括

IRB120 机器人和机器人工作桌台、快换支架、机器人工具等。在工业机器人应用中，如切割、涂胶、焊接等，常需要处理一些不规则曲线，通常采用描点法，即根据工艺精度要求去示教相应数量的目标点，从而生成机器人的轨迹，此种方法费时费力且不容易保证轨迹精度；图形化编程即根据三维模型的曲线特征自动转换成机器人的运行轨迹，此种方法省时省力且容易保证轨迹精度。在本任务中就来学习根据三维模型曲线特征，用软件中的自动路径功能自动生成机器人运行轨迹路径。

（1）自动路径　在工业机器人焊接应用中，机器人需要沿着工件的特定路径进行焊接，此运行轨迹为 3D 曲线，RobotStudio 中特有的自动路径功能可根据现有工件的 3D 模型直接生成机器人运行轨迹，从而完成整个轨迹调试并模拟仿真运行。

创建机器人
自动路径

（2）轴配置参数　在 ABB 机器人中，位置的表示与存储是通过 robtarget 数据类型来实现的。robtarget 用于定义机器人与机器人附加轴的移动指令中的位置。当机器人能够以多种不同的方式到达相同位置时，即可定义为不同的轴配置参数。

自动路径
参数的调整

2. 拓展知识

工业机器人路径规划

在实际生产中，影响机器人工作效率和稳定性的最重要因素之一是机器人的轨迹规划。根据生产线的布局和机器人的位置，选择合理的轨迹规划算法对提高生产线的效率和稳定性有着很大的意义。轨迹规划中，机器人的运行时间和运行轨迹的平滑稳定性是两个最重要的因素，即要求机器人完成动作的时间要短，同时也要保证加减速的连续稳定。

机器人运行轨迹中，点到点的运动是机器人所能达到的时间最短的运动方式，这种运动方式对于机器人控制器而言最简单，但加减速过程过快，会对机器人和电动机造成比较大的冲击。为了改善这种轨迹规划的缺点，可以采用基于三次多项式的轨迹规划，根据机器人运行轨迹的起始点和结束点，结合边界条件求解相对应的函数组，通过正向运动学分析的过程，可以得到机器人运行过程中的速度和加速度曲线。此种方法保证了机器人运行过程中速度和加速度的连续，但仍做不到平滑的过渡，机器人运行过程中会出现不稳定的抖动。

◇ **任务实施**

1. 典型工作站解包

1）找到典型工作站所在的路径，选中"打包"文件单击鼠标右键，选择"使用 RobotStudio 6.08 打开"，如图 3-35 所示。

2）在软件弹出的"欢迎使用解包向导"界面中单击"下一个"，如图 3-36 所示。

3）在"选择打包文件"界面中可以看到要解包的文件所在路径以及解包后文件所在的路径，一般都是取默认即可，单击"下一个"，如图 3-37 所示。

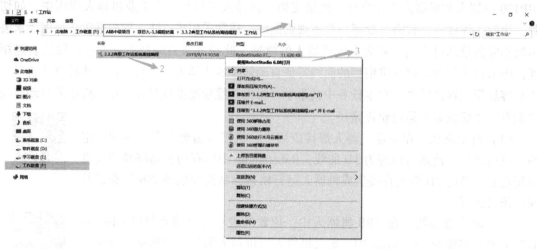

图 3-35　工作站解包

1—打包文件路径　2—选中对象　3—打开打包文件

图 3-36　解包向导

1—单击"下一个"

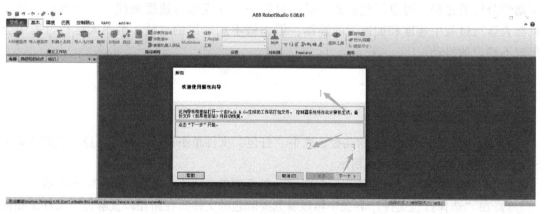

图 3-37　解包路径向导

1—解包所在路径信息　2—目标文件夹　3—单击"下一个"

4）在"解包已准备就绪"界面中单击"完成"，如图3-38所示。

图 3-38　解包已准备就绪

1—单击"完成"

5）在软件工作站当中可以看到"解包完成"提示，解包完成单击"关闭"，如图3-39所示。

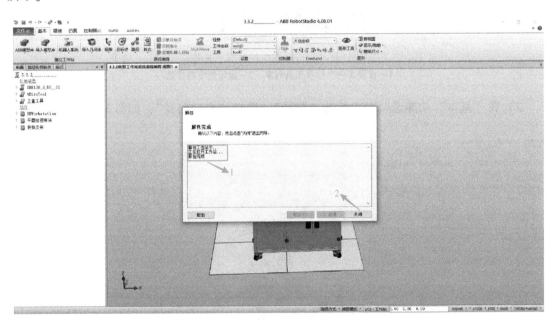

图 3-39　解包完成

1—解包完成　2—单击"关闭"

至此就完成打包工作站文件的整个解包过程了。

2. 生成机器人焊接路径

本任务以平面绘图模块焊接为例，机器人需要沿工件外边缘进行焊接，此运行轨迹为3D曲线，可根据现有工件的3D模型直接生成机器人运行轨迹，进而完成整个轨迹调试并模拟仿真运行。具体操作步骤如下：

1）在"基本"选项卡中的"位置"功能区域里设定工件坐标对象为"默认的工件坐标"，工具为安装在机器人主盘上的 tDiscTool 工具数据"tDiscTool"。在软件的右下角可查看运动指令设定栏，可设定程序运动指令参数，如图 3-40 所示。

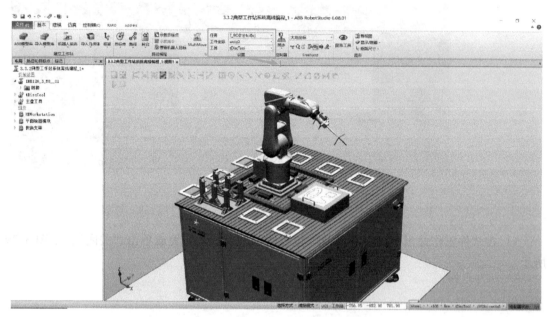

图 3-40　设定位置对象及指令参数

1—设定工件坐标及工具对象　2—设定指令的参数

2）在"基本"功能选项卡中单击"路径"，选择"自动路径"，如图 3-41 所示。

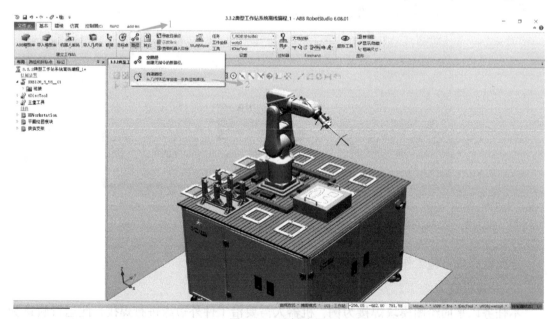

图 3-41　选择路径

1—单击"路径"　2—选择"自动路径"

3）选择方式为"选择表面"，捕捉模式为"捕捉边缘"。捕捉平面绘图模块中的"椭圆"形状，在捕捉对象的同时按住 <Shift> 键可扩大选取的范围。捕捉的路径信息会在"自动路径"信息栏显示出来，如图3-42所示。

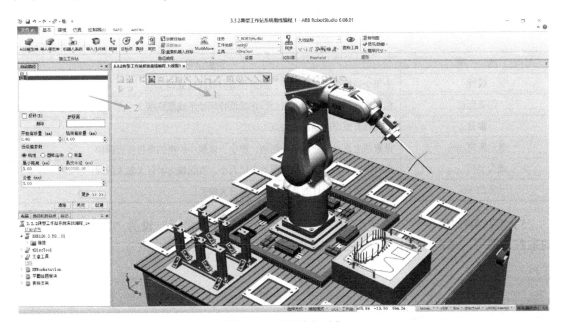

图 3-42　选取路径对象

1—选择方式及捕捉模式　2—捕捉路径的对象

4）选择方式为"选择表面"，通过选择表面的方式去捕捉工件的表面来获取"参照面"的对象，如图3-43所示。

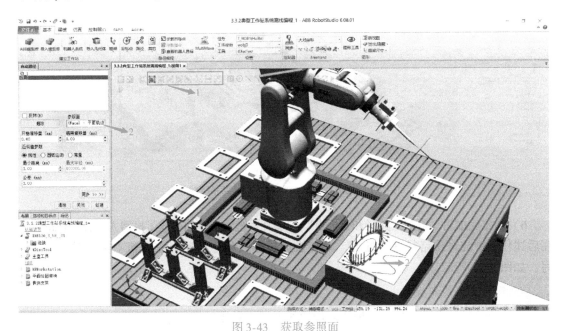

图 3-43　获取参照面

1—选择表面　2—获取对象作为参照面

在图 3-43 所示"自动路径"选项框中：

① "反转"选项：轨迹运行方向置反，默认为顺时针运行，反转后则为逆时针运行。

② "参照面"：生成的目标点 Z 轴方向与选定表面垂直。

③ "近似值参数"选项组：见表 3-1。

表 3-1　近似值参数说明

选　项	用途说明
线性	为每个目标生成线性指令，圆弧作为分段线性处理
圆弧运动	在圆弧特征处生成圆弧指令，在线性特征处生成线性指令
常量	生成具有恒定间隔距离的点
最小距离/mm	设置两生成点之间的最小距离，即小于该最小距离的点将被过滤掉
最大半径/mm	在将圆弧视为直线前确定圆的半径大小，直线视为半径无限大的圆
公差/mm	设置生成点所允许的几何体描述的最大偏差

5) 在"近似值参数"选项组中，只需将"偏离"与"接近"设为"200"，其余参数均取默认即可，单击"创建"，如图 3-44 所示。

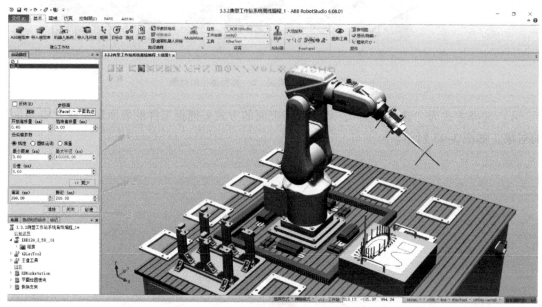

图 3-44　近似值参数

1—默认参数　2—输入"200"　3—单击"创建"

6) 设定完成后，可在"路径和目标点"中展开系统看到自动生成了机器人路径"Path_10"，在后述任务中会对此路径进行处理，并转换成机器人程序代码，完成机器人轨迹程序的编写，如图 3-45 所示。

3. 机器人目标点调整

在前面的任务中已根据焊接模块表面边缘曲线自动生成了一条机器人运行轨迹 Path_10，但是机器人暂时还不能直接按照此条轨迹运行，因为部分目标点姿态机器人还难以到达。下

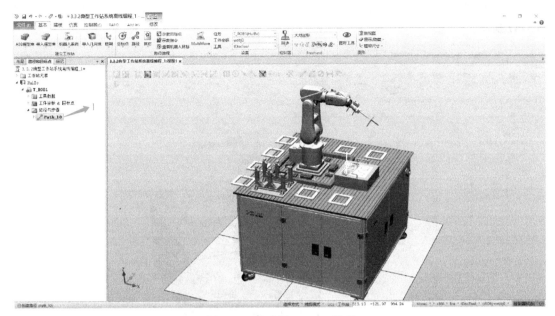

图 3-45　生成了 Path_10 路径

1—Path_10 路径

面就来对机器人目标点进行调整，并进行仿真调试。具体操作步骤如下：

1）在"基本"功能选项卡中单击"路径和目标点"选项卡，依次展开"T_ROB1"→"工件坐标 & 目标点"→"Wobj0"→"Wobj0_of"，即可看到自动生成的各目标点，如图 3-46 所示。

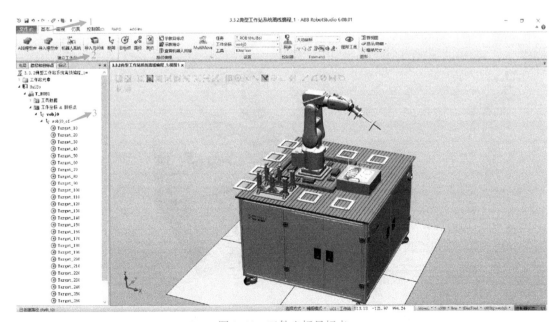

图 3-46　工件坐标目标点

1—"基本"选项卡　2—路径和目标点　3—工件下的目标点

2）选中"Path_10"，单击鼠标右键，选择"查看目标处工具"→"tDiscTool"，如图 3-47 所示。

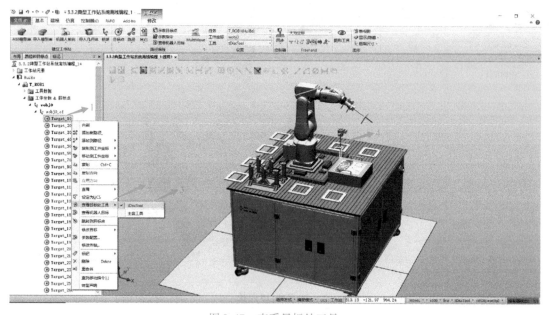

图 3-47　查看目标处工具

1—选中对象　2—查看目标处工具　3—tDiscTool

3）选中"Target_10"，单击鼠标右键，选择"修改目标"→"旋转"，如图 3-48 所示。

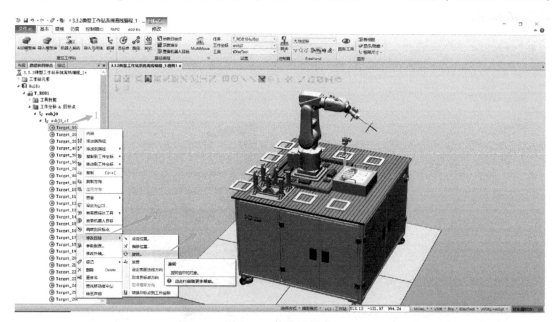

图 3-48　修改目标点

1—选中"Target_10"目标点　2—修改目标　3—单击"旋转"

4）旋转中的"参考"选择"本地"，并参考该目标点本身 X、Y、Z 方向。勾选"Z"，输入"180"，单击"应用"，如图3-49所示。

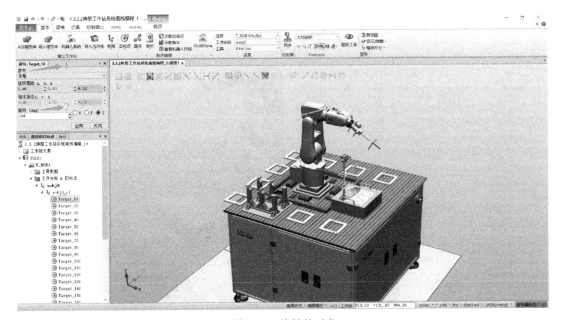

图3-49　旋转的对象

1—本地　2—勾选"Z"

5）由图3-50我们看到，目标点处的工具姿态已修改完成。

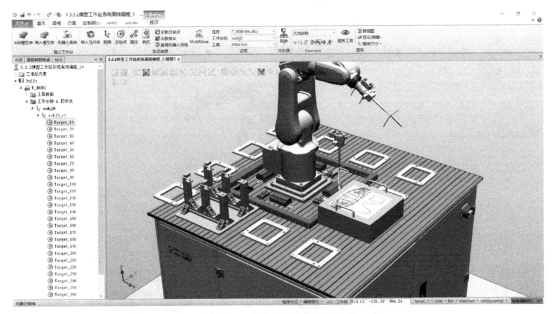

图3-50　目标点姿态修改完成

接着修改其他目标点，在处理大量目标点时，通过上述步骤中目标点Target_10的调整结果可得知，只需要调整各目标点的Z轴方向即可。

6）利用＜Shift＞键以及鼠标左键，选中剩余的所有目标点，单击鼠标右键，选择"修改目标"→"对准目标点方向",然后进行统一调整,如图3-51所示。

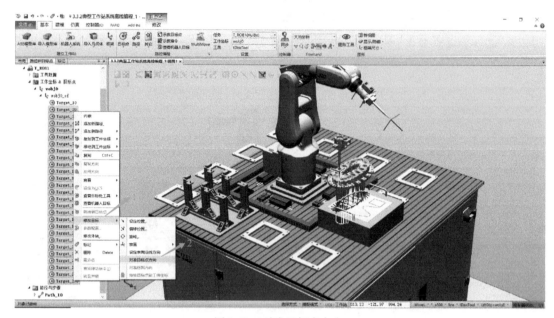

图3-51 对准目标点方向
1—修改目标 2—对准目标点方向

7)单击"参考"框,然后单击目标点"Target_10"。"对准轴"设为"X","锁定轴"设为"Z",单击"应用",如图3-52所示。

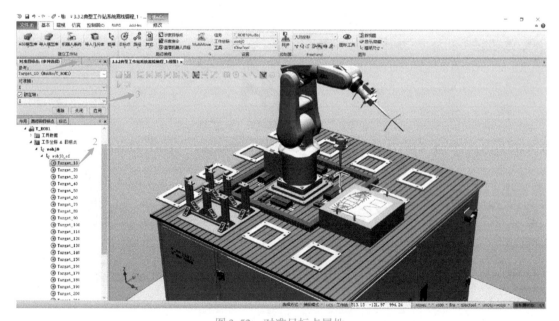

图3-52 对准目标点属性
1—单击参考框 2—选中目标点 3—锁定轴

8)如图3-53所示,所有目标点方向已调整完成。

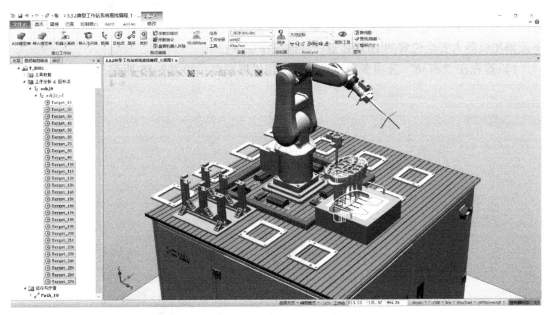

图3-53　目标点方向调整完成

4. 完善程序并仿真运行

轨迹完成后完善程序，需要添加轨迹的安全位置 HOME 点。在自动路径中设定轨迹信息时已添加了轨迹起始接近点、轨迹结束离开点。

鼠标右键单击"Path_10"，选择"自动配置"→"线性/圆周移动指令"，进行一次轴配置自动调整，如图3-54所示。

绘图离线
编程与验证

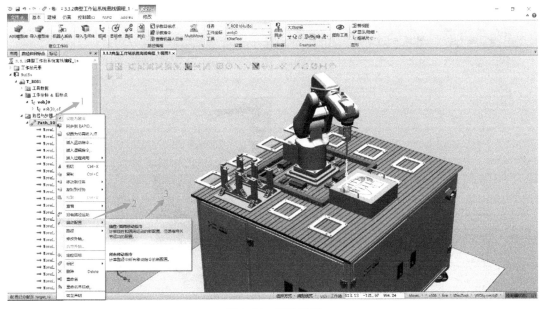

图3-54　自动配置

1—选中路径　2—自动配置　3—线性/圆周移动指令

由图 3-54 我们看到，轴配置自动调整路径可达性是没有问题的。程序路径运行完成后，可以看出自动路径生成的轨迹已有起始点及结束点，但是机器人没有安全位置 HOME 点，下面添加机器人安全位置的 HOME 点。具体操作如下：

1）首先在"布局"选项卡中让机器人回到机械原点，如图 3-55 所示。

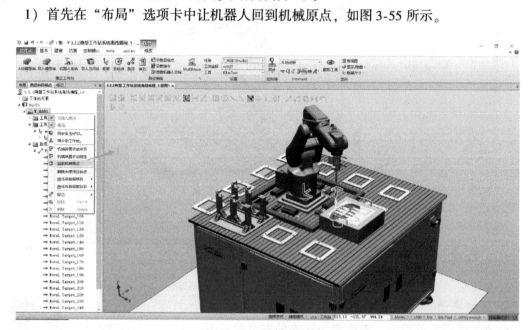

图 3-55　回到机械原点

1—回到机械原点

2）在"基本"选项卡中，"路径编程"栏选择"示教指令"。注意要在右下角选择"MoveJ"，指令参数更改如图 3-56 所示。

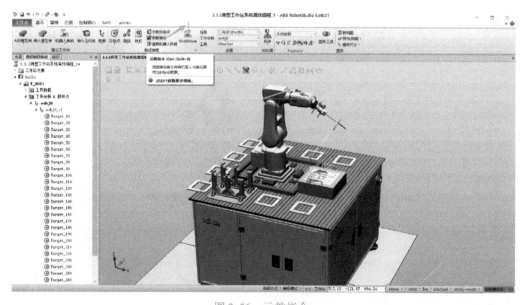

图 3-56　示教指令

1—示教器　2—指令参数

3）将示教生成的目标点重命名为"pHome"，并将其添加到路径 Path_10 的第一行、最后一行，即运动起始点和运动结束点都在 HOME 位置，如图 3-57、图 3-58 所示。

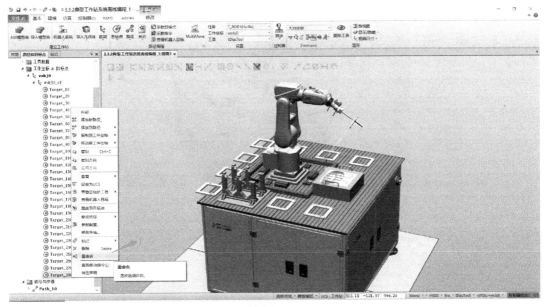

图 3-57 示教的指令重命名

1—重命名

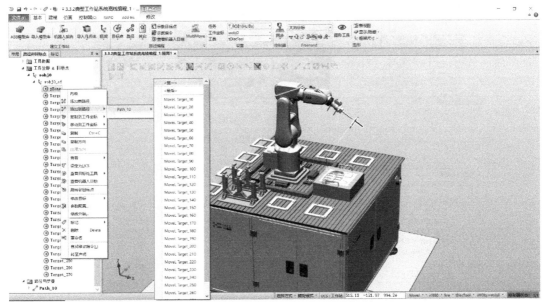

图 3-58 添加到路径

4）路径添加完成后，再次为 Path_10 进行一次轴配置自动调整，如图 3-59 所示。

5）若无问题，则可将路径 Path_10 同步到 VC，转换成 RAPID 代码。在"基本"功能选项卡下的"同步"栏选择"同步到 RAPID"，勾选所有同步内容，如图 3-60、图 3-61 所示。

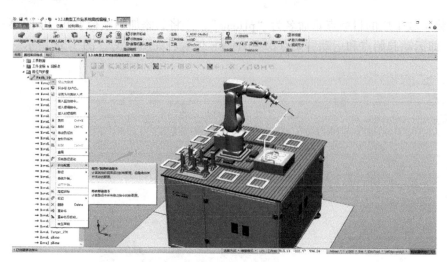

图 3-59　自动配置

1—线性/圆周移动指令

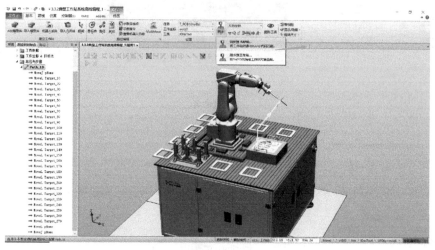

图 3-60　同步到 RAPID

1—同步到 RAPID

图 3-61　勾选同步所有内容

1—勾选系统所有内容　2—单击"确定"

6）同步完成后，选中 Path_10 路径，单击鼠标右键，选择"设置为仿真进入点"，如图 3-62 所示。

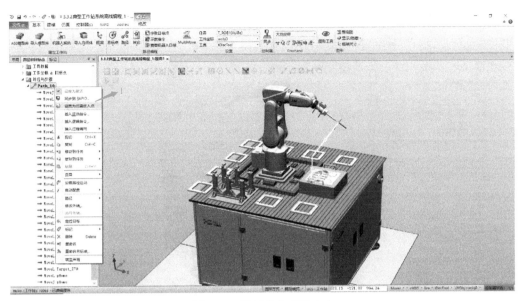

图 3-62　设置为仿真进入点

1—设置为仿真进入点

7）由图 3-63 可看到"路径与步骤"中的"Path_10（进入点）"，这样一来，可通过单击"仿真"功能选项卡中"仿真控制"栏的"播放"键查看机器人运行轨迹。工作站系统运行的程序使机器人沿"Path_10"路径运行。

8）从工作站系统运行机器人轨迹时，可以看到在平面绘图模块上的轨迹信息并没有隐藏起来。选中 Path_10 路径，单击鼠标右键，把轨迹默认勾选的"可见"取消勾选。可以看到平面绘图上的轨迹被隐藏起来了，如图 3-64 所示。

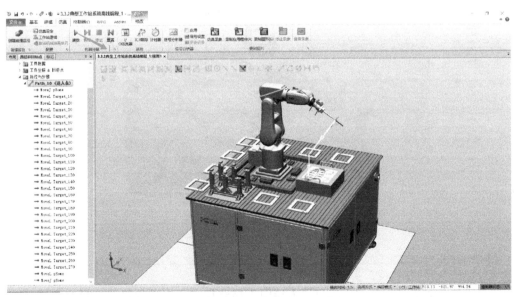

图 3-63　系统仿真运行

1—仿真播放

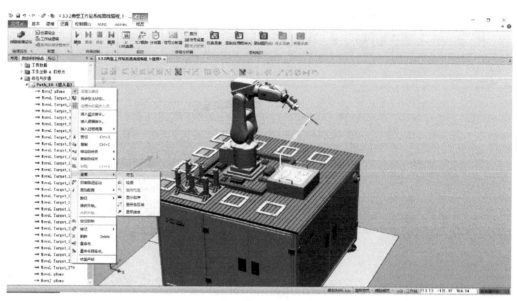

图 3-64　轨迹为不可见

1—取消勾选的"可见"

由图 3-65 可知，"路径与步骤"中的"Path_10"为不可见，平面绘图模块上的轨迹都不可见了。至此已经完成典型工作站系统离线编程整个过程。

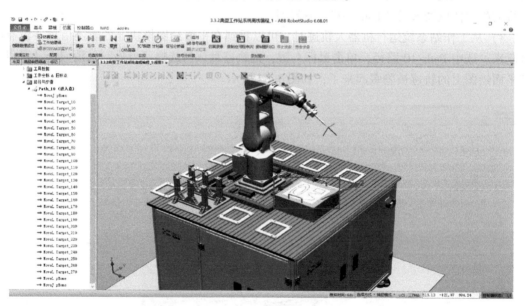

图 3-65　隐藏轨迹

◇ 任务拓展

将典型工作站进行解包并生成机器人绘图焊接路径，将生成的机器人目标点进行调整，最终实现程序仿真运行。

任务3 工业机器人打磨工作站离线编程

◆◆ **任务描述**

对机器人打磨工作站进行离线编程，使用虚拟示教器编程，并用 RAPID 编辑器来编写机器人程序，管理仿真软件对控制器的读写权限，使用在线模式修改系统参数。

◆◆ **任务目标**

1）能够正确使用虚拟示教器编程。
2）能够正确使用 RAPID 编辑器来编写机器人程序。
3）能够管理仿真软件对控制器的读写权限。

◆◆ **相关知识**

1. 基本知识

通过 RobotStudio 与机器人连接，可用 RobotStudio 的在线功能对机器人进行监控、设置、编程与管理。

（1）虚拟示教器 在 RobotStudio 中，建立的机器人系统包含模型与机器人控制器，其中机器人控制器相当于在软件中创建了一套完整的机器人控制系统，因此在工业机器人离线编程中，也可以通过开启虚拟示教器来模拟实际示教器的操作，对工业机器人进行操作与编程调试。虚拟示教器与实际的物理示教器区别在于，单击虚拟示教器"Enable"键，示教器会显示电动机已上电状态，而实际物理示教器只有通过手按住使能键不松开，才能保持电动机上电的状态。

（2）RAPID 编辑器 在 RobotStudio 中，RAPID 选项卡提供了用于创建、编辑和管理 RAPID 程序的工具和功能，可以管理真实控制器上的在线 RAPID 程序、虚拟控制器上的离线 RAPID 程序或者不隶属于某个系统的单机程序。

RAPID 编辑器允许技术人员查看和编辑加载到（真实和虚拟）控制器中的程序。集成的 RAPID 编辑器可用于编辑除机器人运动之外的其他所有机器人任务。借助 RAPID 编辑器，可以编辑程序模块和系统模块的 RAPID 代码。打开的每个模块都将显示在编辑器窗口中，在其中可以添加或编辑 RAPID 代码。

（3）机器人控制器读写权限 如果要编辑程序，修改配置或使用其他方式修改控制器上的数据，就需要拥有对控制器的写权限。如果不能满足以上条件，会被拒绝或丢失写入权限。也就是说，如果在自动模式下获得写权限，当控制器转为手动模式时，会在没有任何提示的情况下失去写权限。这是因为在手动模式下，考虑到安全因素，FlexPendant 单元默认拥有写权限。在由手动模式转为自动模式时，示教器也会默认收回写权限。

如果请求写权限被准许，在控制器状态窗口会更新当前权限状态。如果请求写权限被拒，也会显示相应的信息。一个控制器允许多个用户同时登录，但仅允许一个用户拥有写权限。在不需要写权限时应及时释放写权限。控制器状态窗口会即时更新显示权限状态（写入或只读）。

2. 拓展知识

工业机器人系统参数

各种系统参数描述了机器人系统的配置，按交付时的订单来配置这些参数，可通过更改参数值的方式来调整系统的性能。通常来说，只有出于工艺变化而修改机器人系统时，才需更改各系统参数。

在机器人示教器中，各个参数被编组为不同的配置区域（即主题）。不同的主题则被划分为不同的参数类型。每种类型均可定义和机器人相关的许多对象或实例，每种对象或实例都有许多参数，用户必须指定参数的具体数值。在某些情况下，这些参数还会进一步细化为子参数。

◇ **任务实施**

1. 虚拟示教器操作

使用虚拟示教器操作机器人手动动作，具体操作步骤如下：

1）在"控制器"选项卡选择"示教器"→"虚拟示教器"，如图 3-66 所示。

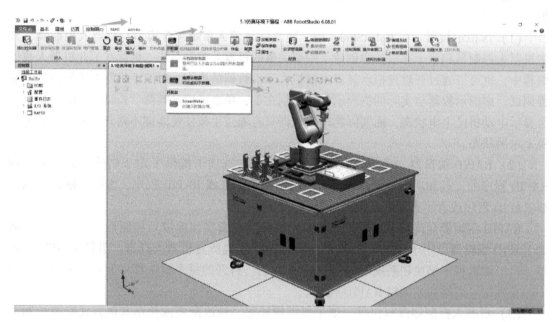

图 3-66 虚拟示教器
1—控制器 2—示教器 3—虚拟示教器

2）将示教器拨至手动档位，再单击"Enable"，此时表示机器人已经上电，如图 3-67 所示。

3）由图 3-68 我们看到，三种手动模式分别为"关节""线性""重定位"，而在仿真示教器中看到"Freehand"（手动）模式中也包含了示教器操作模式。用虚拟示教器操作机器人编程能大大提高效率。

4）选择"Freehand"模式中的"手动线性"操作机器人，可以快速有效地移动机器人

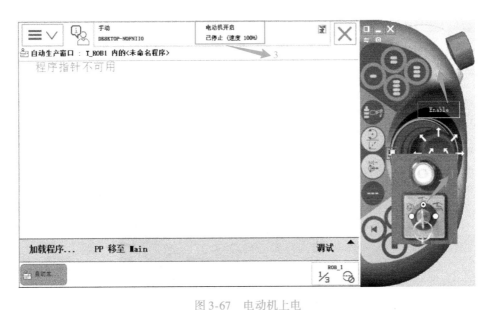

图 3-67 电动机上电

1—手动模式 2—启用使能 3—电动机上电

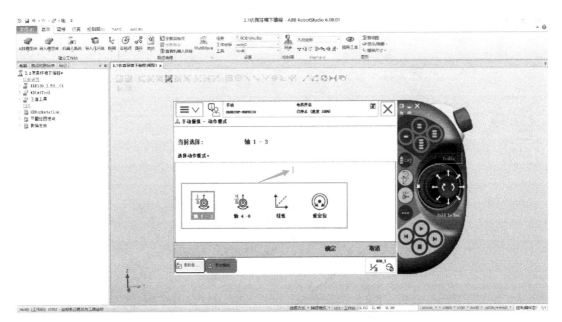

图 3-68 手动模式

1—手动模式

的位置，如图 3-69 所示。

5）结合选择方式和捕捉模式中的"选择表面、捕捉边缘"，能让机器人快速移动到精确的位置，如图 3-70 所示。

6）机器人移动到所需要的点位后，打开虚拟示教器，示教此时机器人所在的位置，如图 3-71、图 3-72 所示。

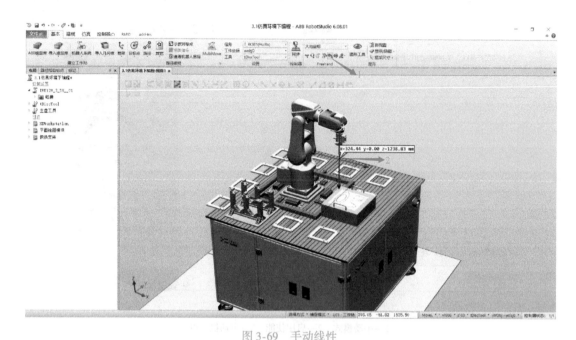

图 3-69 手动线性

1—手动线性　2—手动线性移动机器人

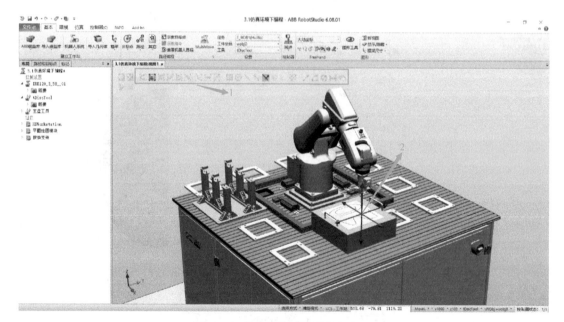

图 3-70 手动线性移动到指定位置

1—选择方式及捕捉模式　2—手动线性移动到精确的位置

7）选择"Freehand"模式中的"手动重定位"操作机器人，能快速有效调整机器人重定位的姿态，如图 3-73 所示。

8）调整好姿态后，打开虚拟示教器，示教此时机器人所在的位置，如图 3-74、图 3-75 所示。

图3-71　手动线性示教器点

图3-72　示教点

1—示教点位

图3-73　手动重定位

1—手动重定位　2—手动重定位调整机器人姿态

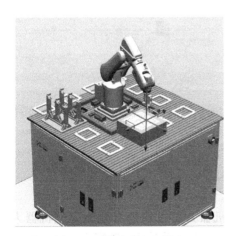

图3-74　手动重定位姿态

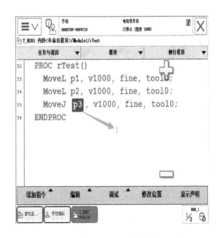

图3-75　示教的点

1—手动重定位示教的位置

9）选择"Freehand"中的"手动关节"操作机器人，能快速有效地对机器人各关节进行调整，如图 3-76 所示。

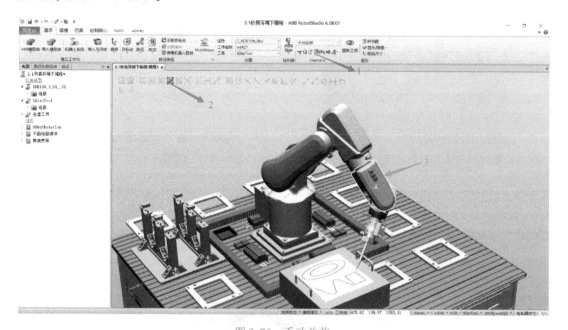

图 3-76　手动关节

1—手动关节　2—选择部件　3—选中机器人关节

10）调整好姿态后，打开虚拟示教器，示教此时机器人所在的位置，如图 3-77、图 3-78 所示。

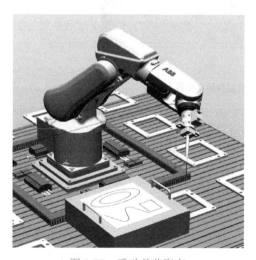

图 3-77　手动关节姿态

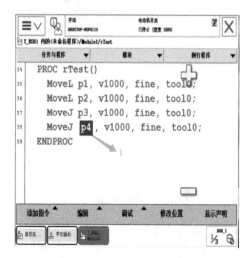

图 3-78　示教点

1—手动关节示教的位置

由以上所述可得出结论：用虚拟示教器操作机器人可以快速有效地完成机器人轨迹的编程。为了提高示教器编程的效率，一般把实际的模型设计为 3D 模型，将模型导入到 Robot Studio 软件中，用虚拟的示教器来对实际的对象编写机器人程序。

2. 虚拟示教器编程

本任务中介绍如何用 RAPID 编辑器来编写机器人程序。

1) 在"RAPID"选项卡中"布局窗口"栏展开"控制器"系统，再展开"RAPID"，选中"Module1"模块，单击鼠标右键，选择"RAPID 编辑器"，如图 3-79 所示。

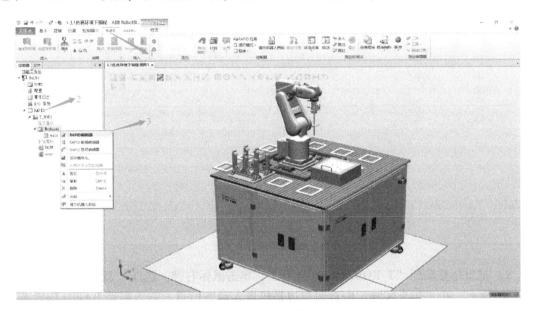

图 3-79　RAPID 编辑器

1—RAPID 选项卡　2—展开 RAPID　3—RAPID 编辑器

2) 在 RAPID 编辑器中，把"Module1"模块及"程序块"中图 3-80 所示框选的内容全删除，删除完如图 3-81 所示。

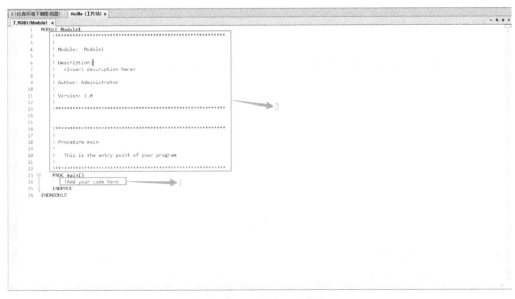

图 3-80　删除默认的参数

1—Module1 模块　2—程序块

工业机器人应用编程

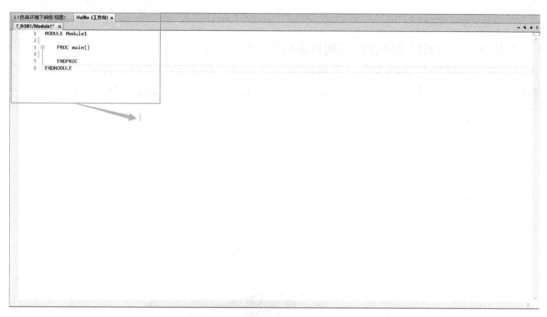

图 3-81　删除完后的 RAPID 界面

1—删除完后 RAPID 界面

3）把鼠标移动到"T_ROB1/Module1"上，单击鼠标右键，选择"新垂直标签组"，如图 3-82 所示。在"仿真区域"中看到左边是机器人动态信息，右边则是 RAPID 编辑器栏，如图 3-83 所示。

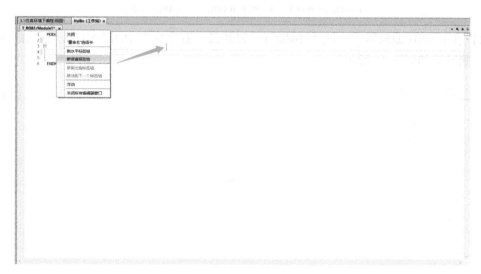

图 3-82　新垂直标签组

1—新垂直标签组

4）把鼠标的光标移动到"main"函数空白处，然后在"RAPID"选项卡中的"指令"功能中，选择"Common"→"MoveJ"指令，如图 3-84 所示。

5）由图 3-85 我们看到，MoveJ 指令已添加在 RAPID 编辑器中程序块"main"里面。把鼠标光标移动到"Module1"模块下的空白处，在"RAPID"选项卡中选择"Snippet"→

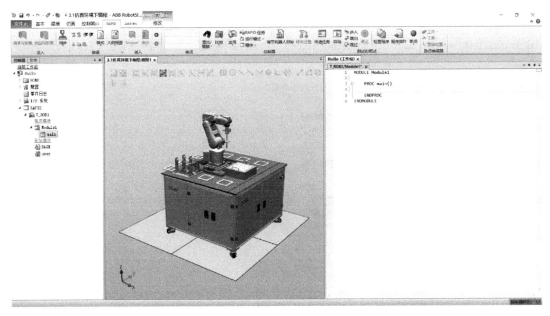

图 3-83　使用新垂直标签页面栏

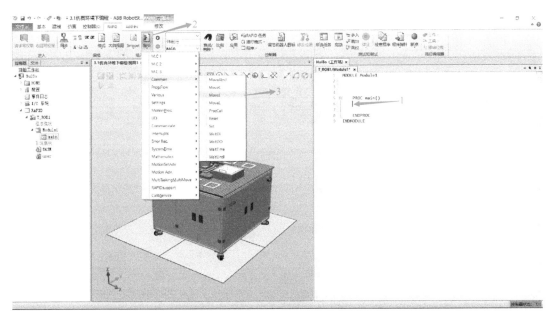

图 3-84　添加指令

1—鼠标光标　2—指令　3—添加 MoveJ

"Robtarget dedaration" 数据类型，如图 3-85 所示。

6）由图 3-86 我们看到，已在 RAPID 编辑器中添加了 "robtarget" 数据，把 robtarget 数据位置点的名称改为 "pHome"，然后，把 "main" 程序块中已添加的 "MoveJ" 指令位置程序名称改为 "pHome"。至此，就把 "robtarget" 数据与 "MoveJ" 指令位置名称关联起来了。

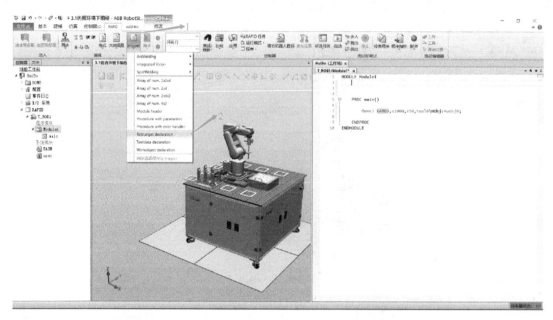

图 3-85 添加 Robtarget declaration 数据类型

1—选择 Snippet   2—选择 Robtarget declaration

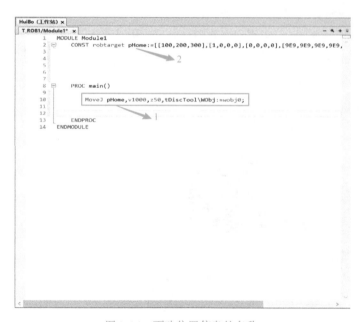

图 3-86 更改位置信息的名称

1—robtarget 名称为 pHome   2—MoveJ 名称为 pHome

7）通过 < Ctrl > 键与鼠标左键来选中 MoveJ 指令"pHome"示教点的名称，然后在"RAPID"功能选项卡中单击"修改位置"，将示教此时机器人所处的姿态，如图 3-87 所示。

8）把机器人移动到工件表面，参照以上方法将此时机器人所处在工件点的位置记录下来，如图 3-88 所示。

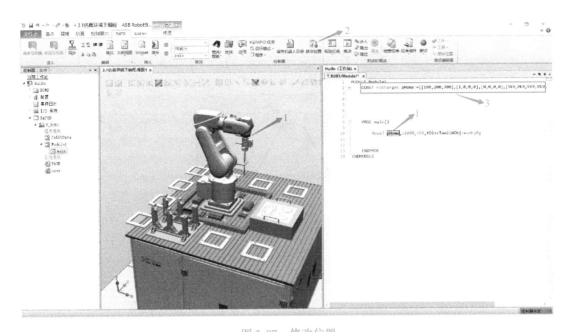

图3-87　修改位置

1—选中示教点名称　2—修改位置　3—修改位置的信息

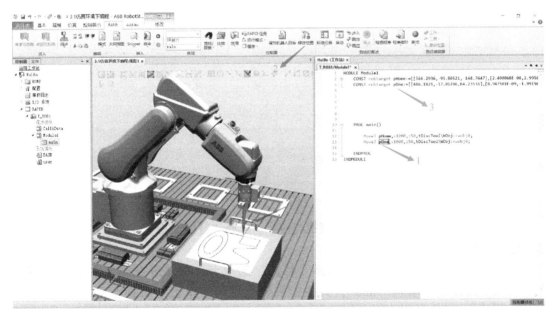

图3-88　机器人移动到工件表面

1—记录的点　2—修改位置　3—修改位置的信息

接下来完成图3-89所示框选正方形机器人轨迹。

示教正方形轨迹指令可参考图3-90。

9）下面对正方形轨迹指令参数进行更改。这里只需要将指令中的"z50"转弯参数更改为"fine"。之所以更改转弯参数是为了能让机器人精确到达位置点。具体操作步骤如下：

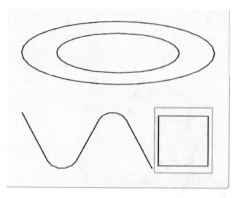

图 3-89   正方形轨迹

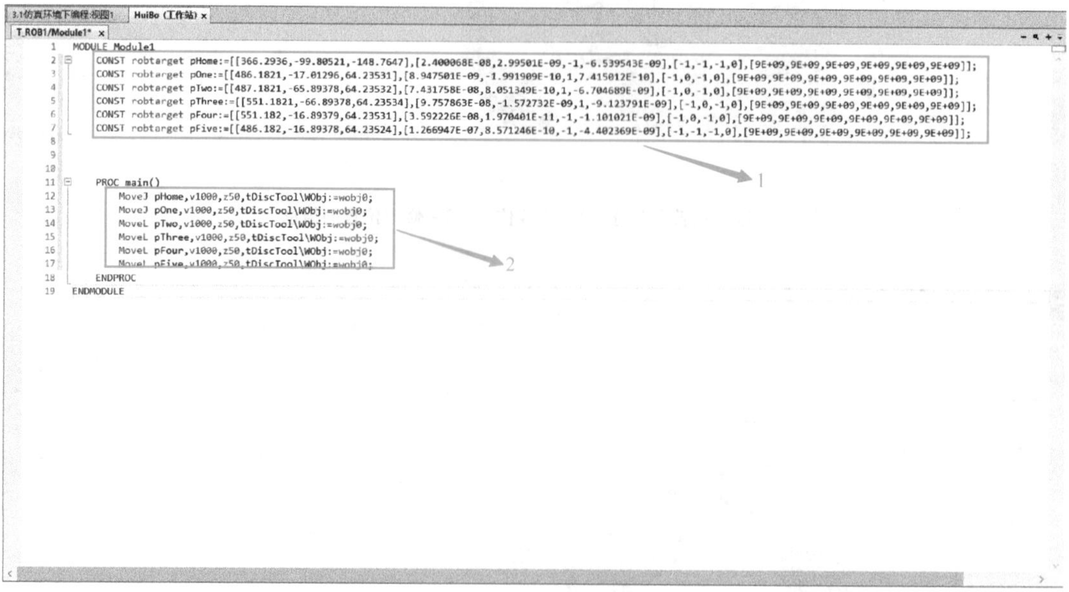

图 3-90   示教正方形轨迹指令

1—robtarget 点位信息   2—示教的指令

① 在"RAPID"选项卡中单击"查找/替换"。选择"替换"指令或者按<Ctrl> + <H>快捷键，如图 3-91 所示。

② 弹出"查找/替换"界面，选择"替换"选项卡，在"请查找"中输入"z50"，在"用以下代替"中输入"fine"，其他参数默认即可，单击"替换全部"，如图 3-92所示。

由图 3-93 我们看到，程序块中"main"主程序的指令参数已更改完成，并且可在"搜索结果"信息栏查看被替换的指令对象。至此已完成了指令参数更改。

接下来对 RAPID 编辑器中的机器人程序代码进行完善。图 3-94 所示是已完善的机器人程序，这里用了"Offs"功能，分别对机器人的第一点和第二点的位置在 Z 轴方向进行偏移，为起始点、结束点进行过渡，并且对机器人的"Home"安全位置点进行了复制，粘贴到正方形轨迹末端。

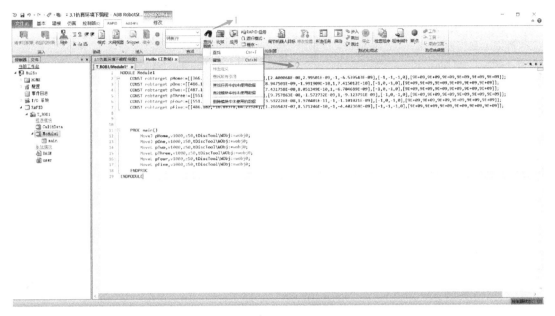

图 3-91 查找/替换

1—查找/替换 2—替换功能

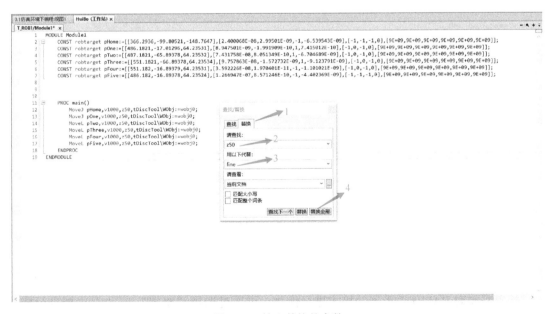

图 3-92 输入替换的参数

1—替换选项卡 2—输入 z50 3—输入 fine 4—单击替换全部

这样一来,当机器人运行代码时,从 Home 点到过渡点再到走正方形轨迹,正方形轨迹走到最后一个点时,先回到过渡点,再到 Home 点,以安全姿态结束。

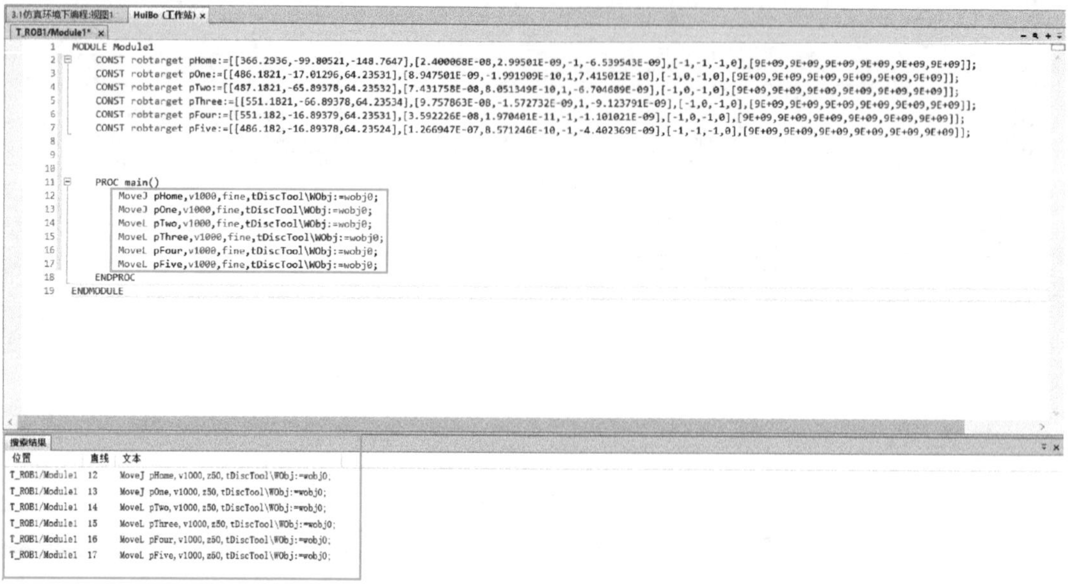

图 3-93　指令参数更改完成

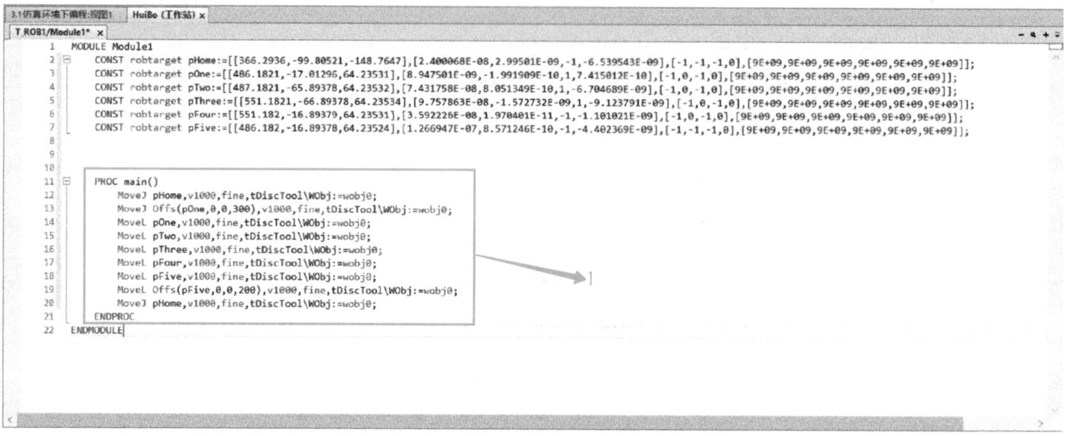

图 3-94　Offs 功能

1—完善的程序

接着需要对 RAPID 编辑器的格式进行优化，可通过选择"格式"→"对文档进行格式化"实现，如图 3-95 所示。

由图 3-96 我们看到，RAPID 编辑器格式已被初始化。

10）接下来将 RAPID 编辑器的程序进行全部应用，并且把全部应用的程序同步到工作站中，具体操作步骤如下：

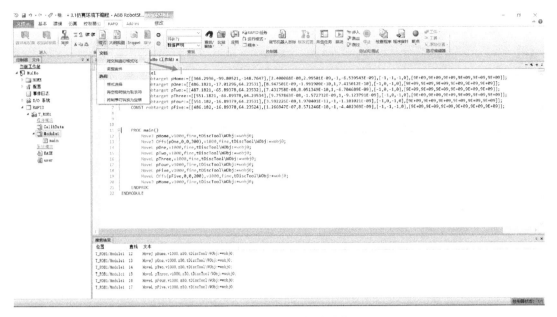

图 3-95　对文档进行格式化

1—对文档进行格式化

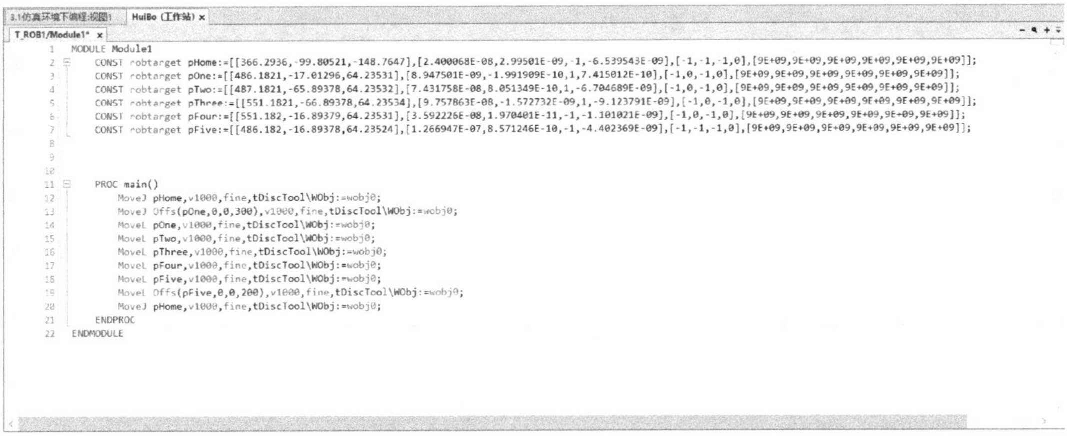

图 3-96　RAPID 编辑器格式已被初始化

① 在"RAPID"选项卡中选择"应用"→"全部应用",如图 3-97 所示。

② 在"RAPID"选项卡中选择"同步"→"同步到 RAPID",将工作站对象与 RAPID 代码匹配,如图 3-98 所示。

③ 在弹出的"同步到 RAPID"界面中,把"HuiBo"系统参数全部"勾选",单击"确定",如图 3-99 所示。

由图 3-100 我们看到,用"RAPID"选项卡中的"RAPID 编辑器"编写的机器人代码,

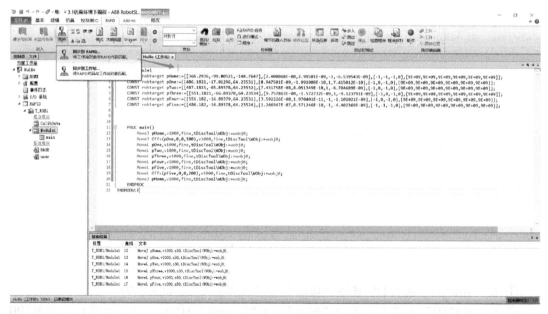

图 3-97 全部应用

1—全部应用

图 3-98 同步到 RAPID

1—将工作站对象与 RAPID 代码匹配

是和同步后示教器里面的代码相匹配的。至此已完成用 RAPID 编辑器编写机器人代码的整个过程。

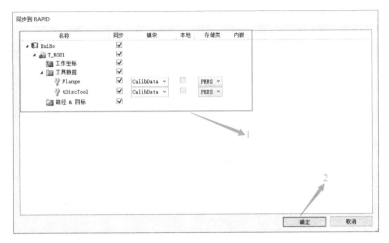

图 3-99　勾选同步的系统参数

1—全部勾选　2—单击"确定"

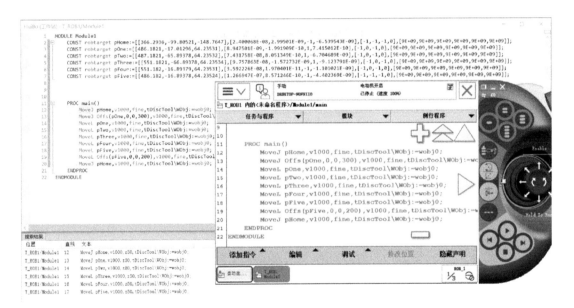

图 3-100　与示教器代码匹配

3. 虚拟示教器读写权限管理

将随机附带的网线一端连接到计算机的网线端口，另一端与机器人的专用网线端口连接。

1）网线的一端连接到计算机的网线端口，并设置成"自动获取 IP"，而网线的另一端连接到控制柜 SERVICE X2 网线端口。

2）在"控制器"选项卡中，选择"添加控制器"→"添加控制器…"，如图 3-101所示。

3）选中已连接的机器人控制器，然后单击"确定"，如图 3-102 所示。

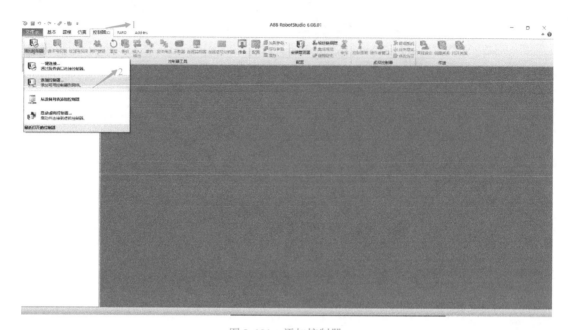

图 3-101　添加控制器

1—控制器选项卡　2—添加控制器

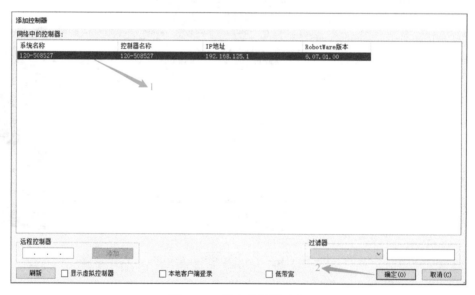

图 3-102　选中控制器对象

1—选中对象　2—单击"确定"

4）单击"控制器"窗口中的项目，查看所需要的资料。单击"控制器状态"标签，就可查看当前连接的控制器的情况，如图 3-103 所示。

除了能通过 RobotStudio 在线对机器人进行监控与查看外，还可以通过 RobotStudio 完成对机器人程序的在线编写、参数的设定与修改等操作。为了保证较高的安全性，在对机器人控制器数据进行写操作之前，要首先在示教器进行"请求写权限"的操作，防止在 Robot-

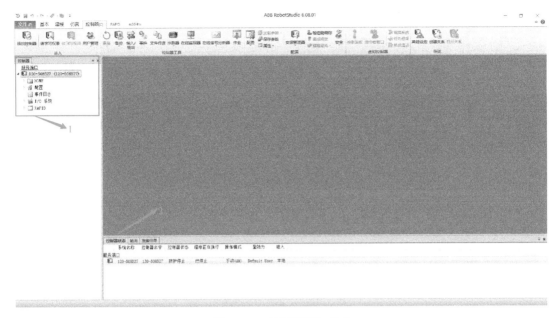

图 3-103　控制器添加完成

1—已被添加控制器　2—控制器状态

Studio 中错误修改数据，造成不必要的损失。具体操作步骤如下：

① 将机器人状态钥匙开关切换到手动模式，如图 3-104 所示。

图 3-104　手动模式

② 在"控制器"选项卡中，选择"请求写权限"，如图 3-105所示。

③ 在物理示教器单击"同意"进行确认，如图 3-106 所示。

④ 完成对控制器的写操作以后，在示教器中单击"撤回"，收回写权限，如图 3-107 所示。

在机器人实际运行过程中，为了配合实际需要，经常会在线对 RAPID 程序进行微小调整，包括修改或增减程序指令。下面就修改等待时间指令进行操作。

4. 修改等待时间指令 WaitTime

修改等待时间指令 WaitTime，将程序中的等待时间从 1s 调整为 0.5s，修改过程如下：

1）首先建立 RobotStudio 与机器人的连接。在"RAPID"选项卡中单击"请求写权限"，如图 3-108 所示。

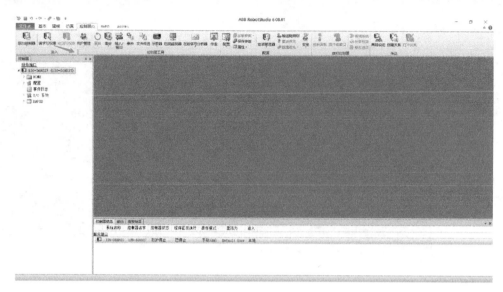

图 3-105　请求写权限

1—请求写权限

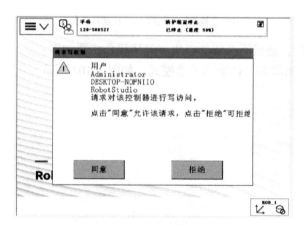

图 3-106　同意写权限

图 3-107　收回写权限

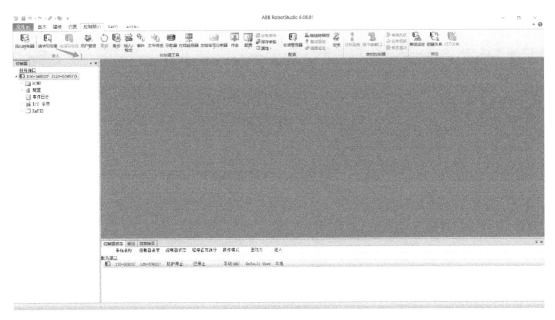

图 3-108 请求写权限

1—请求写权限

2）在物理示教器中单击"同意"进行确认，如图 3-109 所示。

图 3-109 同意写权限

3）在"控制器"窗口双击"Main Module"，在 RAPID 编辑器中单击程序指令"Wait-Time0.5"，如图 3-110 所示。

4）将程序指令"WaitTime 1"修改为"WaitTime 0.5"，如图 3-111 所示。

5）修改完成后，在"RAPID"选项卡中单击"应用"，在弹出的界面中单击"是"，在"RAPID"选项卡中"进入"栏选择"收回写权限"，如图 3-112 所示。

由图 3-113 我们看到，物理示教器上的指令 WaitTime 时间已被修改。

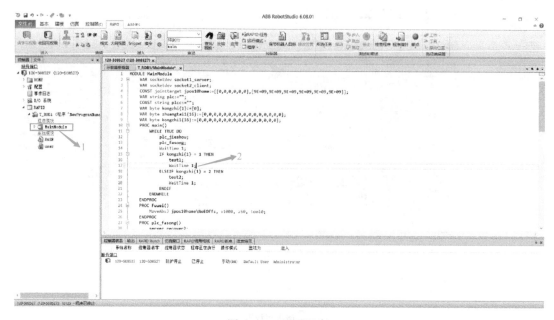

图 3-110　展开程序

1—Main Module　2—修改的对象

图 3-111　已被修改的对象

1—WaitTime 0.5

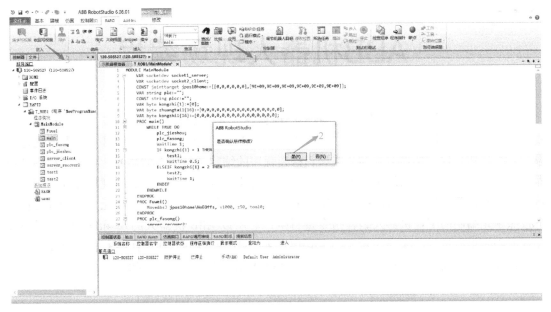

图 3-112 确认修改参数

1—应用 2—确认修改 3—收回写权限

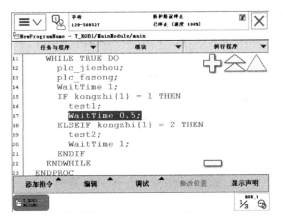

图 3-113 WaitTime 指令被修改

任务拓展

创建一个 I/O 板块 DSQC651，并在 I/O 板块 DSQC651 中创建一个数字输出信号 DI00。

ABB机器人现场编程

随着对 ABB 机器人学习的深入，我们已经掌握了 ABB 机器人手动操作、ABB 机器人离线编程以及 ABB 机器人调试运行的方法。实际的 ABB 工业机器人应用项目，是需要先进行系统建模，然后通过虚拟仿真和离线编程搭建程序的结构和机器人的轨迹，将离线程序和机器人的轨迹导入机器人系统中，再通过手动操作机器人进行示教，再进行现场编程，程序运行调试，确认无误后，便可以投入使用。最终要实现的是，工业机器人在无人为干预的情况下按照预先编制的工业机器人编程指令进行生产。所以 ABB 机器人的现场编程就成了离线编程的程序得以运行、生产过程得以保障的重要一环。本项目通过学习 3 个机器人编程实例，详细介绍机器人编程指令和操作方法，掌握 ABB 机器人现场编程的方法。

任务1　工业机器人装配应用编程

◇◆ 任务描述

应用工业机器人示教器，对机器人直接进行现场编程，控制机器人实现装配电动机模型的操作。学习机器人程序数据相关内容，了解程序数据的作用，掌握程序数据的使用方法。学习机器人线性运动指令、关节运动指令和 I/O 控制指令，掌握这些指令的使用方法。通过这些指令的编程，调用合适的程序数据，控制携带有平口夹爪工具的机器人，完成电动机模型的装配。通过程序控制，机器人将上方的电动机机芯和端盖分别放入下方电动机外壳模型中，如图 4-1 所示。要求整个程序编写过程以及调试运行过程不出现碰撞，机器人运行流畅，完整准确实现功能。

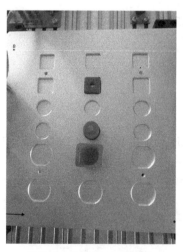

图 4-1　电动机模型

◈◈ 任务目标

1）了解程序数据的作用。
2）掌握程序数据的使用方法。
3）掌握线性运动指令和关节运动指令的使用方法。
4）掌握I/O控制指令的使用方法。

◈◈ 相关知识

1. 基本知识

（1）程序数据 数据是信息的载体，它能够被计算机识别、存储和加工处理。任何编程语言的对象都是数据，例如C语言中的数据。程序数据是ABB机器人程序内声明的数据，是ABB机器人程序编程的"原料"，是ABB机器人编程的基础。如图4-2所示，一条移动指令中，调用了4个程序数据。机器人的很多指令都是对各种程序数据的调用和处理。ABB机器人的程序数据可以有很多种。它可以是数值数据，也可以是非数值数据。数值数据是一些整数、实数或负数，主要用于计算；非数值数据包括字符、文字、图形、图像、语言等。我们首先来了解一下什么是机器人的程序数据。

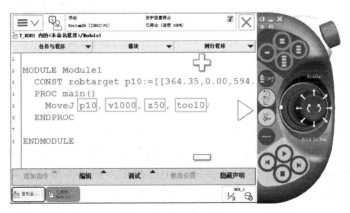

图4-2 程序调用的程序数据

1）程序数据的类型。ABB机器人的编程语言是一种类C的编程语言，所以ABB机器人的程序数据类型与C语言也类似。实际上不仅是ABB编程语言和C语言，其余很多编程语言的数据类型都具有一定的相似性。机器人在控制运动方面有更高的要求，因此除了与其他很多语言相类似的数据类型外，ABB机器人的程序数据中，也有很多专属于机器人运动控制的数据类型。ABB机器人的程序数据类型可以在示教器的程序数据界面进行查看。打开ABB左上角主功能菜单，选择"程序数据"一栏，如图4-3所示。进入程序数据界面后，发现界面中默认只有6种数据类型。由于ABB程序数据一栏默认只显示已经使用的程序数据类型，对于未使用的程序数据类型默认为不显示。单击"视图"菜单里的"全部数据类型"，可以打开全部的数据类型，如图4-4所示。

程序数据

此时便显示出了ABB机器人系统支持的所有数据类型。ABB机器人支持的数据类型总共有100多种，如图4-5所示，图中显示总共有103种数据类型。因为系统版本的原因，

图 4-3　打开程序数据

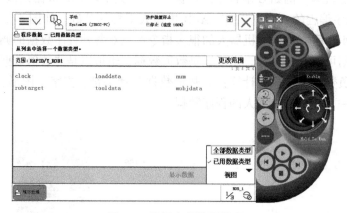

图 4-4　选择全部数据类型

ABB 机器人支持的数据类型还在不断更新中，具体要以最新版 ABB 机器人系统为准。除了这 100 多种程序数据类型外，ABB 机器人也允许用户结合已存在的 100 多种数据类型进行结构声明，创建用户的数据类型，所以在实际使用过程中，数据类型的种类可能还不止于此。对于如此多的数据类型，我们无法一一介绍。对于技术人员，也不可能将 100 多种数据类型全部掌握。一般情况下，要熟练掌握其中常见的数据类型，对于不经常使用的数据类型，在实际使用过程中碰到时，再通过查阅相关资料进行了解即可。不同数据类型的程序数据只是作用不同，但使用方法都是类似的。这里只介绍几种常用的数据类型。

① 数值数据 num。数值数据 num 可以用于整数、小数等数值的存储，也可以以指数的形式进行写入。例如整数 –5、小数 1.23、指数 2E3（2×10^3）等。整数数值的取值范围是 –8388607 ~ 8388608，整数可以准确取到该范围内的任意取值。而小数数值则是近似的取值。因此小数取值不能用于等于或不等于等情况的判断。若使用小数进行除法运算，那么结果也会是小数。ABB 机器人控制器主要用于对机器人的运动进行精准控制，因此并不能实现很高精度的运算功能。如图 4-6 所示，数值型数据 count1 取值为 3。

② 逻辑值数据 bool。逻辑值数据 bool 用于存储逻辑值（真/假）数据，即 bool 型数据值可以为 TRUE 或 FALSE。这里的 bool 型数据类型与其他编程语言的同类型数据使用方法一样，有时也叫作开关量，取值可以为 1 或 0，例如图 4-7 所示，bool 型变量"highvalue"取值为右侧逻辑判断的结果。如果"count1"大于 100，"highvalue"取 TRUE，否则，取 FALSE。

图 4-5　全部程序数据类型

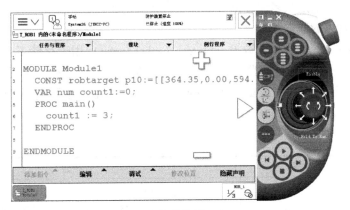

图 4-6　数值数据 count1

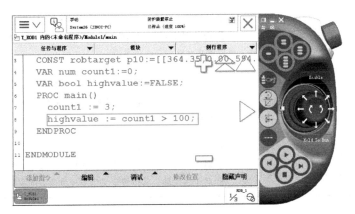

图 4-7　逻辑值数据 highvalue

③ 字符串数据 string。字符串数据 string 的使用方法与 C 语言等其他编程语言的字符串数据一样。字符串由一串前后附有引号（" "）的字符组成。ABB 机器人的字符串类型数据最长允许的字符串长度是 80 个字符，注意其中"空格"和"换行"等也是占用字符串长度的。如图 4-8 所示，是一个名为"greet1"的字符串，字符串内容是"hello!"。

141

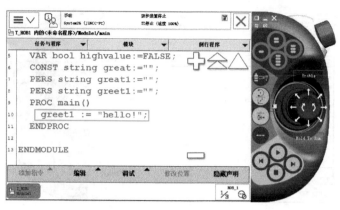

图 4-8　字符串数据 greet1

以上 3 种数据类型是众多编程语言中都非常常见的 3 种数据类型，接下来介绍几种 ABB 特有的、但也很常用的数据类型。

④ 位置数据 robtarget。位置数据 robtarget（robot target）用于存储工业机器人和附加轴的位置坐标数据。robtarget 数据类型是 ABB 机器人在进行线性运动时常用的一种数据类型，是 ABB 机器人程序所特有的数据类型。robtarget 数据类型中主要包括四组参数，分别是"trans""rot""robconf""extax"，见表 4-1。

表 4-1　位置数据 robtarget 组成

组件	数据	描述
trans	X，Y，Z	① 工具中心点（TCP）所在的位置（X，Y，Z），单位为 mm ② 存储当前 TCP 在当前工件坐标系中的位置，如果没有工件坐标系，就以基坐标系为基准
rot	q1，q2，q3，q4	① 表述工具姿态的四元数，与 ABB 机器人的姿态控制算法有关 ② 存储当前工件坐标系中的工具姿态，如果没有工件坐标系，就以基坐标系为基准
robconf	cf1，cf4，cf6，cfx	表述工业机器人的轴配置数据，以轴 1、轴 4、轴 6 当前四分之一旋转的形式进行定义，将第一个正四分之一旋转 0°—90° 定义为 0。cfx 含义取决于不同的机器人类型
extax	eax_a，eax_b，eax_c， eax_d，eax_e，eax_f	① 附加轴的位置数据 ② 对于旋转轴，其位置定义为从校准位置起旋转的角度 ③ 对于线性轴，其位置定义为与校准位置的距离（mm）

如图 4-9 所示为一个位置数据 robtarget 类型的数据，命名为 p20。其参数含义是：

a. 工业机器人在工件坐标系的位置是：X = 600、Y = 500、Z = 250。

b. 工具的姿态与工件坐标系的方向一致。

c. 工业机器人的轴配置：轴 1 和轴 4 位于 90°—180°，轴 6 位于 0°—90°。

d. 附加逻辑轴 a 和 b 的位置以° 或 mm 表示（根据轴的类型）。

e. 未定义轴 c ~ f。

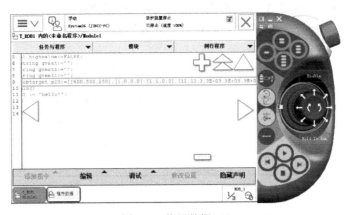

图 4-9　位置数据 p20

⑤关节位置数据 jointtarget。关节位置数据 jointtarget 用于存储工业机器人和附加轴的每个单独轴的角度位置数据。关节位置数据 jointtarget 也是 ABB 机器人所特有的数据类型，在工业机器人关节运动或者对轴进行操作运动时常会用到。如图 4-10 所示，是一个关节位置数据 home1。关节位置数据 jointtarget 数据中主要包含两组数据，见表 4-2。

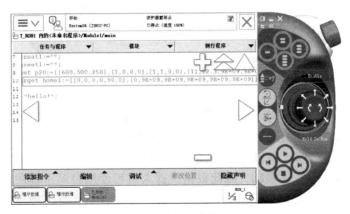

图 4-10　关节位置数据 home1

表 4-2　关节位置数据 jointtarget 组成

组件	数据	描述
robax	rax_1，rax_2，rax_3，rax_4，rax_5，rax_6	①工业机器人各个关节轴的位置，单位为度（°） ②存储轴的位置，定义为各个轴从轴校准的机械原点位置，沿正方向或负方向旋转的角度值
extax	eax_a，eax_b，eax_c，eax_d，eax_e，eax_f	①附加轴的位置数据 ②对于旋转轴，其位置定义为从校准位置起旋转的角度 ③对于线性轴，其位置定义为与校准位置的距离（mm）

如图 4-10 所示的 jointtarget 类型数据，命名为 home1，其参数含义是，机器人的 5 轴为90°，其余 5 个轴角度都为 0°。同时定义外部轴 a 为原点位置 0，未定义外部轴 b ~ f。

⑥速度数据 speeddata。速度数据 speeddata，用于存储工业机器人和附加轴运动的速度

数据。速度数据 speeddata 是 ABB 机器人在进行运动控制时常用的数据类型，主要包含了四组数据，分别是"v_tcp""v_ori""v_leax""v_reax"，见表 4-3。

表 4-3 速度数据 speeddata 组成

组件	数据	描述
v_tcp	v_tcp	工具中心点（TCP）的速度，单位 mm/s
v_ori	v_ori	工具中心点（TCP）的重定位速度，单位°/s
v_leax	v_leax	线性外轴的速度，单位 mm/s
v_reax	v_reax	旋转外轴的速度，单位°/s

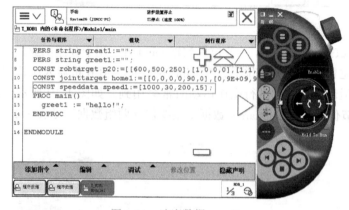

图 4-11　速度数据 speed1

如图 4-11 所示为一个 speeddata 类型数据，命名为 speed1，其参数含义是 TCP 速度为 1000mm/s；工具的重定位速度为 30°/s；线性外轴速度为 200mm/s；旋转外轴速度为 15°/s。

2）程序数据存储类型。ABB 机器人的程序数据是 ABB 机器人程序中的数据，是 ABB 机器人编程的基础。因此根据机器人编程使用时对于程序数据数值操作的不同要求，ABB 机器人程序数据存储的方式有总共有 3 种不同形式，分别是变量 VAR、可变量 PERS 以及常量 CONST。不同存储类型的程序数据在 ABB 机器人程序运行过程中有不同的特点，接下来逐一进行介绍。

程序数据
存储类型

① 变量 VAR。变量 VAR 类型存储的程序数据可以在机器人程序运行和停止时保持数据当前的值。程序运行完成后，变量 VAR 类型的程序数据会马上释放当前存储的数值，恢复定义数据时赋予的初始值。如图 4-12 所示，定义了一个变量 VAR 类型的数值型数据"length"，初始值为 0。当执行程序"length：= 10"时，变量"length"的取值为 10；程序执行完毕后，变量"length"的数值便会释放，恢复初始值 0。

② 可变量 PERS。可变量 PERS 类型存储的程序数据可以在机器人程序运行和停止时保持数据当前的值，并且在程序执行完毕后，始终保持上一次存储的数据的状态。如图 4-13 所示，定义了一个存储类型为可变量 PERS 类型的数值型变量"num1"，初始值设置为 0。当执行程序"num1：= 8"时，"num1"的取值为 8，当执行完程序之后，可变量 PERS 类型的变量"num1"会始终取值为 8，直到下一次操作改变其取值。

③ 常量 CONST。常量 CONST 类型存储的程序数据顾名思义，会一直保持定义时的数值

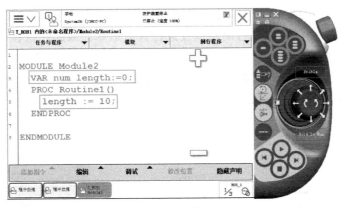

图 4-12　变量 length

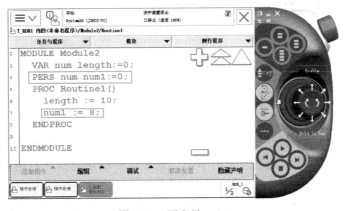

图 4-13　可变量 num1

不变化。机器人的程序无法对常量的数值进行更改，存储类型为常量的数据不能在程序中被赋值。想要改变常量的取值，只能在定义中进行修改。如图 4-14 所示，定义了一个存储类型为常量 CONST 类型的数值型变量"gravity"，初始值设置为 9.81。无论程序如何执行，常量"gravity"的取值始终为 9.81。

以上便是 ABB 机器人程序数据的三种存储类型，使用过程中可根据程序的需要按照各个程序存储类型的特点进行创建和使用。

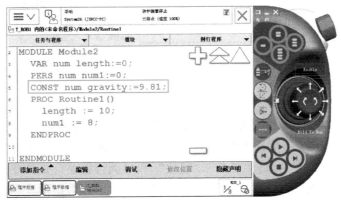

图 4-14　常量 gravity

3）程序数据创建的方法。程序数据是 ABB 机器人编程的基础，ABB 机器人的程序指令是对程序数据进行调用以及进行数值运算，因此在编程之前或编程过程中，要根据实际需要进行程序数据的创建。接下来以创建一个 bool 型程序数据"flag1"为例，介绍创建程序数据的方法。

程序数据的建立

① 单击示教器左上角的功能菜单，在功能菜单里单击"程序数据"栏，打开程序数据界面，如图 4-15 所示。

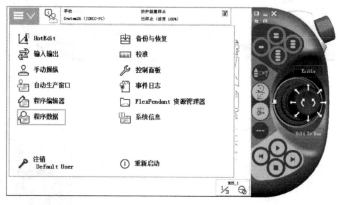

图 4-15 打开程序数据界面

② 在程序数据界面中找到想要创建的数据的类型，如果默认界面中没有该类型，可在视图中选择显示"全部数据类型"进行查找。这里需要创建的程序数据类型是 bool 型，单击"bool"进入 bool 型变量界面，如图 4-16 所示。

③ 打开 bool 型变量界面后，系统中包含的所有 bool 型变量都会显示出来。然后单击"新建"进行变量的创建，如图 4-17 所示。

图 4-16 选择 bool 型变量

④ 在新建变量界面输入变量相应的参数。其中"名称"命名为"flag1"；"范围"规定该变量可以应用的范围，一般选择默认的"全局"；"存储类型"可以为"变量""可变量""常量"，可根据实际需要选取；"任务""模块"和"例行程序"是该变量存储的位置，一般变量存储在任意模块下；"维数"可以修改变量的维度，以数组形式创建变量。这里的设置如图 4-18 所示。然后单击左下角"初始值"，可以修改变量的初始值。

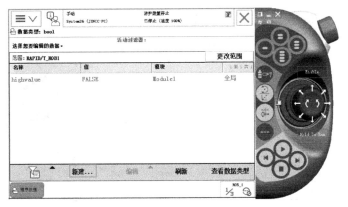

图 4-17　单击新建

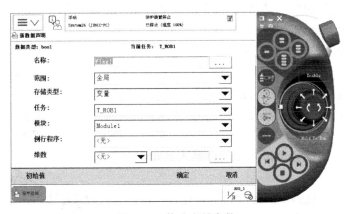

图 4-18　修改变量参数

⑤ 在初始值设定界面，选中新建的变量可以设定变量的初始值。这里我们创建的是 bool 型变量，初始值只能取"TRUE"或"FALSE"。选择完成后单击"确定"，如图 4-19 所示。

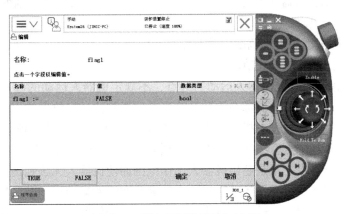

图 4-19　设定程序数据的初始值

⑥ 全部参数设置完成后，单击"确定"，这样这个名为"flag1"的 bool 型变量就创建完成了，如图 4-20 所示。

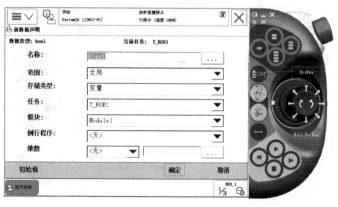

图 4-20 完成程序数据的创建

其余程序数据创建的方法与 bool 型变量创建的方法基本相同。

（2）线性运动指令 MoveL 本任务要求通过机器人程序控制机器人实现电动机模型的装配。在这一过程中，必然要通过程序指令控制机器人从一个位置移动到另一个位置，因此必然会使用控制机器人运动的指令。在机器人运动指令中，控制机器人线性运动的指令是线性运动指令 MoveL。

线性运动指令

线性运动指令 MoveL 是控制机器人的 TCP 从起点运动到终点，并且轨迹始终保持为一条直线。线性运动指令 MoveL 广泛用于焊接、涂胶、搬运、装配等领域。线性运动的示意图如图 4-21 所示。线性运动指令控制机器人运动有以下几个特点：

1）机器人沿着直线运动，指的是机器人的 TCP 沿着直线运动，直线运动的参考点是工具中心点（TCP）。线性运动的速度控制等参数也是以 TCP 作为参考点的。

图 4-21 线性运动的示意图

2）机器人始终以线性运动方式前进，一段线性运动轨迹如果在 5s 中运行完毕，那么意味着每 1s、每一时刻，机器人都在这条直线上，因此线性运动对于各轴的配合、运动的控制以及参数计算要求很高。

3）线性运动一般适用于小范围内动作要求精度比较高的场合，因为过长的线性运动距离可能会导致奇异点或者超出关节轴的运动范围。

4）线性运动指令只规定机器人运动的终点，不规定机器人运动的起点。因此每次执行线性运动指令时，机器人控制器都会重新计算当前位置到达目标位置的直线轨迹。

由于机器人线性运动过程中机器人的 TCP 每时每刻都要走直线，所以如果距离过长有可能出现从上一时刻某个点直线运动到下一时刻某个点时，6 个关节轴无法配合的情况，这个点就是奇异点。奇异点并不是超出机器人工作范围而使机器人无法到达的点，而是当前机器人姿态下，无法直接通过线性运动通过的点。因此在线性运动过程中，如果碰到了奇异点只需要在直线运动中设置一个过渡点折线通过，或者改变机器人 6 个轴的姿态，找到合适的位姿，就可以避免奇异点的发生了。注意，奇异点出现频率的高低也和机器人控制器的运动控制算法有关系，算法越先进的机器人在运行过程中越不容易碰到奇异点。下面以一条线性运动指令为例介绍，线性运动指令是如何通过各个程序数据，从而控制机器人进行线性移动的，如图4-22所示。

图4-22　线性运动指令 MoveL

图中的 MoveL 指令一共由 6 部分组成，其中调用了 5 个参数，各部分的含义见表4-4。表中除了 z50 转弯区域数据外，其余类型数据在之前内容中都进行了详细介绍，这里不再重复介绍。转弯区域数据 z50 是用于记录机器人如何结束一个位置，向下一个移动的位置进行过渡的数据。转弯区域数据也叫转弯半径数据、转角区域数据。

表4-4　线性运动指令 MoveL 组成

组件	数据	描述
MoveL	线性运动指令	规定机器人运动指令的类型
p30	目标点位置数据	记录线性移动后工业机器人要到达的终点位置数据
v1000	运动速度数据	定义机器人 TCP 线性运动的速度数据
z50	转弯区域数据	定义机器人移动指令的转弯区域数据
tool0	工具数据	定义机器人运行的参考工具数据
wobj1	工件坐标数据	定义机器人目标点参考的工件坐标数据

机器人的目标点可以是一个飞越点，也可以是一个停止点。飞越点是指机器人没有完全准确到达目标点，而是提前开始下一段工作。停止点指机器人准确到达目标点，并停止下来，再开始执行下一条指令。机器人在运动过程中并不是完全匀速运动的，从一个位置加速、然后匀速、然后减速，至速度减为 0，准确到达目标点，停下来，然后再开始加速、匀速、减速运动，频繁的起停和加减速对于电动机来说是一个复杂的过程，不利于机器人的长期运行。因此设定了转弯半径参数，让机器人在到达目标位置之前不用减速，也不需要完全停止，以牺牲掉一点精度为前提，能够顺畅地过渡到下一条移动指令，从而提高机器人移动过程的流畅性，降低频繁起停对电动机的冲击。这便是转弯半径数据存在的意义，它会牺牲掉一部分精度，所以转弯半径要在精度允许的前提下进行设置。另外，在喷胶、焊接等情况下，不允许机器人在某一个位置停下再运动到下一个位置，如果是喷胶可能就会出现鼓包，如果是焊接则可能出现焊穿或鼓包等现象，所以转弯半径在机器人移动指令中是很重要的一个参数。

了解了线性运动指令 MoveL 中各参数的含义后，接下来介绍在示教器中添加线性运动指令的方法。

① 通过示教器左上角的主功能菜单，单击"程序编辑器"进入 ABB 机器人的程序编程界面，如图 4-23 所示。

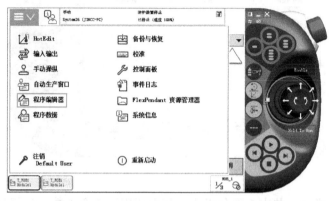

图 4-23　程序编辑器界面

② 在程序编辑器界面中有一个蓝色的光标，蓝色光标的位置就是程序指令添加的位置。在程序编辑器界面左下角单击"添加指令"，在指令栏里选择"Common"一栏，在其中找到 MoveL 指令，单击进行添加，如图 4-24 所示。

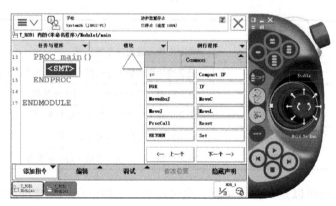

图 4-24　插入 MoveL 指令

③ 双击这条添加指令的"＊"号或者整条指令可以进入到指令参数设置的界面，如果单击单个参数，则直接进入该参数设置界面，如果单击整条语句，则进入整个语句设定的界面，如图 4-25 所示。

④ 在参数配置界面逐个进行参数配置。选中"＊"号可以进行目标点的配置或新建，如图 4-26 所示。选中运动速度数据可以进行速度的设置，如图 4-27 所示。这里的运动速度数据有很多，例如 v200、v50 等，这些都是系统已经设定好的速度参数。其中字母"v"后面带的数字，便表示这个速度数据对应的 TCP 运动速度，也就是说 v50 表示 TCP 速度为 50mm/s。选中转弯半径数据，可以进行转弯半径的配置，如图 4-28 所示。同样地，这里的转弯半径是系统已经配置好的。z50 指转弯半径为 50mm，在距离目标点还有 50mm 位置开始过渡下一条指令。比较特殊的是这里有一个转弯半径 fine，指不设置转弯半径，机器人会

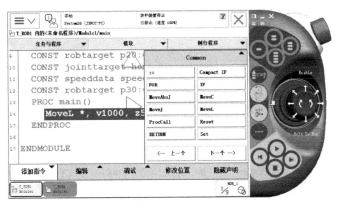

图 4-25 双击指令进入参数配置

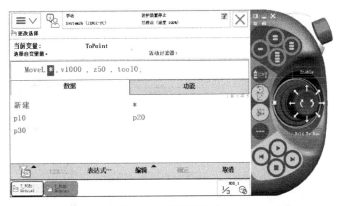

图 4-26 设置目标点

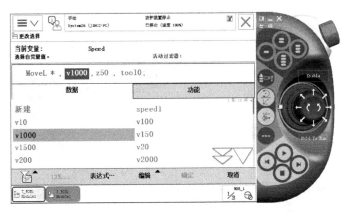

图 4-27 设置速度数据

准确运动到该点并停顿，再开始执行下条指令。选中工具数据，便可以进行工具数据的设定，如图 4-29 所示。

⑤ 全部设置完成后，单击"确定"退出参数设置界面。然后选中这条线性运动指令或者目标点 p30，手动操作机器人移动到线性移动指令想要控制机器人到达的目标点位置，然后停下机器人单击"修改位置"，将目标点位置记录在 p30 中，如图 4-30 所示。然后单击"修改"，如图 4-31 所示。

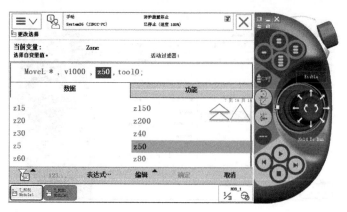

图 4-28　设置转弯半径

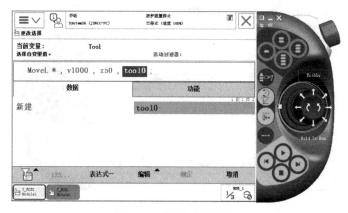

图 4-29　设置工具数据

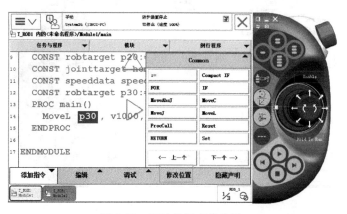

图 4-30　记录目标点的位置

至此一条线性运动指令便添加完毕了。运行该条指令，机器人便会从当前位置按照指令规定的参数要求线性移动到刚才记录位置的目标点位置。

（3）关节运动指令 MoveJ　关节运动指令 MoveJ 是控制机器人以关节运动的方式从一个位置运动到另一个位置的指令。关节运动指令控制机器人运动过程轨迹不可控，机器人控制器会自动规划路径，各个轴会以相对舒服的姿

关节运动指令

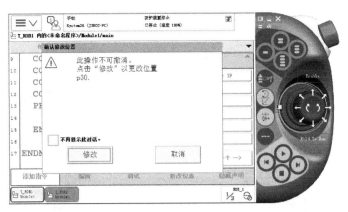

图4-31 再次确认目标点

态移动至目标点位置。调用关节运动指令，机器人不一定沿直线运动，相对计算量较小。关节运动指令 MoveJ 移动过程会自动规避奇异点，避免因为各轴的配合或超出工作范围情况下导致的奇异点。关节运动指令 MoveJ 的运动示意图如图4-32所示。关节运动指令控制机器人运动有以下几个特点：

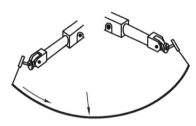

图4-32 关节运动指令示意图

1）关节运动指令的参数，例如速度、转弯半径等都是以工具中心点（TCP）作为参考的。

2）机器人以关节运动的模式运行，机器人运行的轨迹不可控，但是可以主动躲避奇异点，一般情况下不会出现卡死的情况。

3）关节运动指令一般适用于较大范围内动作，并且周围没有障碍物，精度要求不高的情况，由于关节运动指令轨迹不可控，所以运动过程可能出现不可控的动作而发生危险。

4）关节运动指令只规定机器人运动终点，不规定机器人运动的起点。因此每次执行关节运动指令时，机器人控制器都会重新计算当前位置到达目标位置的轨迹。同一个起点通过关节运动指令移动到同一个终点，每次执行的运动轨迹也不一定相同。

关节运动指令的格式如图4-33所示。关节运动指令包含的组成部分除了表示移动类型是 MoveJ 不是 MoveL 外，其调用的程序数据和程序数据的作用与线性运动指令 MoveL 一样。这里不再重复介绍。

添加关节运动指令的方法也和线性运动指令的方法类似，只需要在添加指令时选择"MoveJ"即可，其他操作与线性运动指令 MoveL 一样，如图4-34所示。

（4）I/O 控制指令　本任务中要求机器人使用平口工具，对电动机模型进行装配。整个过程中不仅需要运动指令控制机器人从一个位置移动到另外一个位置，还需要机器人实现工件的拾取和放置，对应的动作就是平口夹爪 I/O 控制指令工具的开和合。控制工具开和合的是气动回路，而气动回路由机器人的 I/O 信号进行控制。因此想要机器人程序控制夹爪的开和合，就需要机器人的 I/O 控制指令控制机器人的 I/O 信号，从而实现装配的功能。I/O 控制指令，顾名思义，就是控制机器人 I/O 信号的指令。ABB 机器人通过在程序段中添加 I/O 控制指令，改变 I/O 信号的状态来实现工具的开合。本任务中，我们需要控制的 I/O 信号对应的动作是夹爪的夹紧和松开，其他应用场景中，机

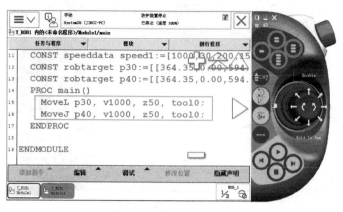

图 4-33　关节运动指令

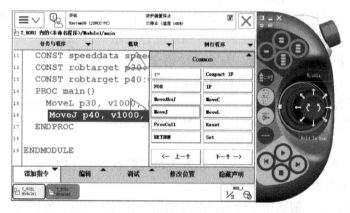

图 4-34　添加关节运动指令

器人可以控制的外围设备远不止此,十分丰富,这主要取决于机器人的 I/O 信号所能控制的执行机构。关于这部分的内容,在本书项目 5 中再做详细讲解,这里只介绍如何在程序中控制机器人的 I/O 信号。本任务主要用到两个 I/O 指令,分别是数字信号置位指令 Set 和数字信号复位指令 Reset。

1) 数字信号置位指令 Set。数字信号置位指令 Set 的功能就是将数字信号置位为 1。例如图 4-35 所示的数字信号置位指令,其功能就是将名称为 "do1" 的数字信号置位为 1。这条指令非常简单,由两部分组成。第 1 部分是指令的表示符号 "Set",表明这是一个数字信号置位指令,功能是置位信号;第 2 部分是被置位的信号名称 "do1","do1" 的数据类型是 "signaldo",意义是数字输出信号,在程序数据相应的信号类型一栏中可以找到,如图 4-36 所示。

数字信号置位指令 Set 的使用方法也很简单,只需在 "添加指令" 一栏的 "Common" 中,单击 "Set",如图 4-37 所示,然后跳转到数字信号选择界面,选择指令想要置位的信号即可,如图 4-38 所示。

2) 数字信号复位指令 Reset。数字信号复位指令 Reset 的功能是将数字信号复位为 0。例如图 4-39 所示的数字信号复位指令,其功能就是将名称为 "do1" 的数字信号复位为 0。这条指令的结构与 Set 指令相同,使用方法也与 Set 指令相同,只需要在添加指令时选择

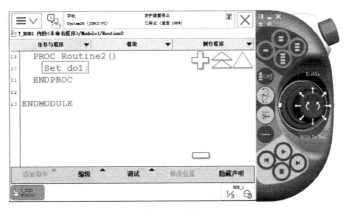

图 4-35　数字信号置位指令 Set

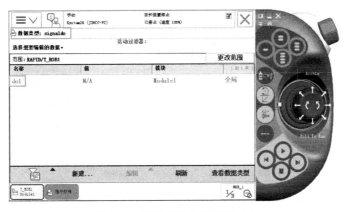

图 4-36　数字信号类型数据 do1

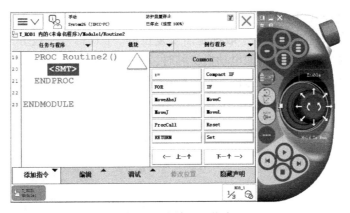

图 4-37　添加 Set 指令

"Reset"即可，如图 4-40 所示。

3）I/O 控制指令的使用注意事项。数字信号置位指令 Set 和数字信号复位指令 Reset 的指令结构和使用方法都很简单，但是对于初学者来说，使用起来却常常会出现错误。本书总结了 3 条使用 I/O 控制指令的注意事项。

① Set 指令与 Reset 指令一般成对出现。ABB 机器人在实际生产和工作过

I/O 指令使用
注意事项

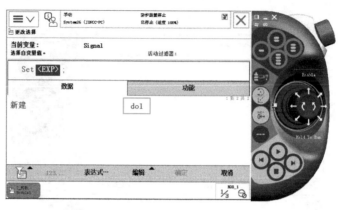

图 4-38　选择置位的信号

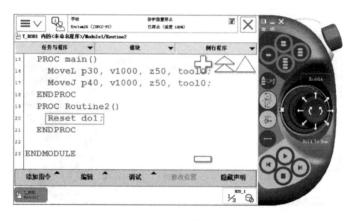

图 4-39　数字信号复位指令 Reset

程中，都是在自动模式下进行自动运行和扫描程序。因此在执行 I/O 控制指令，通过 I/O 信号控制外部设备执行动作时，一般都是需要复位的。I/O 信号一般分为两类：一类是单个 I/O 信号控制两个动作，如拾取电动机机芯时，置位 I/O 信号，那么放置机芯时，便要释放 I/O 信号，整个过程中 I/O 信号的 Set 和 Reset 指令是成对出现的。

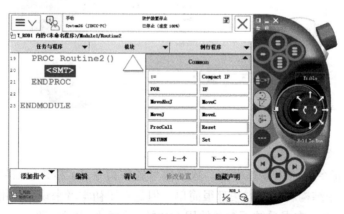

图 4-40　添加 Reset 指令

另一类是单个 I/O 信号控制一个动作，如拾取电动机机芯时，置位了 I/O 信号 do1；而释放电动机机芯时，需要置位的信号是 do2。那么我们在夹紧夹爪、拾取电动机机芯时，就要求置位 do1 的同时，do2 信号要为 0，否则夹爪夹紧与松开信号同时起作用，夹爪无法工作；同理，在释放夹爪时，要求置位 do2，同时要求 do1 为 0，不能同时有效。这就要求我们每次使用完 do1，夹紧夹爪后要及时释放 do1 信号；同理，松开夹爪、使用 do2 信号后，要及时释放 do2 信号。Set 与 Reset 指令成对使用。

除此之外，大家也要养成每次将设备的信号恢复初始状态的习惯，Set 指令置位的信号一定要在程序中相应地使用 Reset 进行复位，避免其他操作人员操作设备时，不清楚设备的 I/O 信号状态从而造成危险。所以一段指令中，同一个 I/O 信号的置位指令 Set 和复位指令 Reset 要成对使用。

② I/O 控制指令前一条运动指令转弯半径为 "fine"。机器人通过 I/O 控制指令改变 I/O 信号，从而控制外围设备执行一定动作，例如本任务中要实现拾取或放置工件的功能。设置转弯半径的作用是在第一条指令没有完全到达目标位置时，便开始过渡执行下一条指令。如果抓取指令前一条运动指令带有转弯半径 z50，那么在机器人距离抓取位置还有 50mm 的位置，机器人就会提前抓取，不仅抓不到工件，还可能出现碰撞。同样地，如果放置指令前面一条运动指令带有转弯半径 z50，那么机器人会在距离目标位置 50mm 的地方提前松开夹爪，造成危险。因此 I/O 控制指令前一条运动指令一般情况下将转弯半径设为 fine，待机器人准确到达后再执行 I/O 指令。

③ I/O 指令一般要加等待时间指令 WaitTime。WaitTime 指令是一条等待指令，顾名思义，就是机器人什么也不做，等待一段时间。等待时间指令 WaitTime 结构简单，由两部分组成。第 1 部分是指令的表示符号 "WaitTime"，表明这是等待指令，功能是等待一定的时间；第 2 部分是要等待的时间，可以直接给出等待时间的数值，也可以是变量，单位是秒（s），图 4-41 所示是等待 1s。WaitTime 指令使用的方法也与 I/O 控制指令类似，只需要添加指令时，添加 "WaitTime" 指令，然后输入等待的时间即可，如图 4-42 所示。

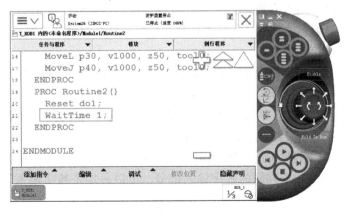

图 4-41 等待时间指令 WaitTime

以本任务中的夹爪为例，由于 I/O 控制指令的实现是示教器控制机器人控制器，对 I/O 信号进行操作，改变 I/O 信号的数值，并传递给执行机构，再由执行机构完成夹爪夹紧的动作，整个过程是需要时间的，有些大型的执行机构时间可能更长。因此需要在 I/O 控制指令后面添加等待时间指令 WaitTime，等待执行机构执行完操作后，再开始执行后面的动作。等

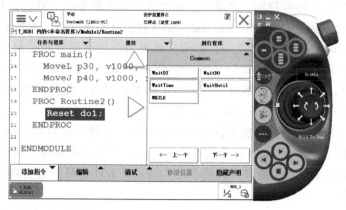

图 4-42　添加 WaitTime 指令

待的时间要依据 I/O 信号的传输速度以及执行机构执行动作的快慢而定，本任务中夹爪执行速度很快，这里等待 1s 即可。

以上 3 点注意事项是提醒对于机器人 I/O 信号控制不熟练的人员在进行 I/O 控制指令编程时需要注意的情况，并不是每次使用 I/O 控制指令一定要遵守上面 3 条规则。根据 I/O 信号和执行机构的情况，来编写 I/O 控制指令，然后配合机器人的运动指令，能够正确无误而又安全可靠地实现实际要求的功能即可。

2. 拓展知识

本任务用到的 I/O 信号用来控制机器人的末端夹爪工具的夹紧和松开，使用的是数字输出信号。但在实际应用中，也可能会有很多其他的信号关联着机器人系统，如用于检测工件或机器人是否到位的光电开关的数字输入信号、温度传感器发送给机器人的温度信号等。除了已介绍的 Set 和 Reset 外，还有其他几个常用的 I/O 控制指令，例如 WaitDI、WaitDO、WaitUntil。此外，本任务是工业机器人现场编程的第一个任务，使用示教器进行程序输入与以往编程使用键盘鼠标输入有所不同。关于示教器编程的操作方法和技巧，也需要大家注意，多加练习，提高编程的效率。本任务拓展知识中，将介绍示教器编程界面的操作技巧和其余几个常用的 I/O 控制指令。

（1）数字输入信号判断指令 WaitDI　数字输入信号判断指令 WaitDI 用于判断机器人控制器的外部输入信号的值是否与目标值一致。如果信号的值与目标值一致，则继续按顺序执行下一条语句；如果不一致，则程序指针会一直停留在这一句等待。数字输入信号判断指令 WaitDI 的程序结构由三部分组成，如图 4-43 所示。

① 第一部分为程序的标识符"WaitDI"，表示这条指令是一个数字输入信号判断指令。

② 第二部分是该条指令判断的数字输入信号，可以是单个数字输入信号，也可以是组输入信号。

③ 第三部分是判断的目标值。

如图 4-43 所示，执行第 1 条指令时，等待 di1 的值为 1。如果 di1 为 1，则程序继续往下执行；如果到达最大等待时间后，di1 的值还不为 1，则工业机器人报警或进入出错处理程序。最大等待时间可以根据实际需要在可选变元中进行修改和设定。可选变元修改的方法如下：

① 先双击打开需要修改可选变元的指令，如图 4-44 所示，单击"可选变量"，进入可

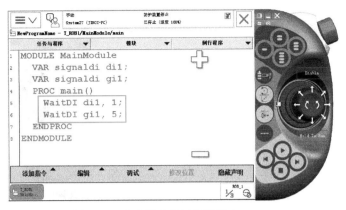

图 4-43　数字输入信号判断指令 WaitDI

选参数界面，单击"可选变元"进入可选变元界面，如图 4-45 所示。

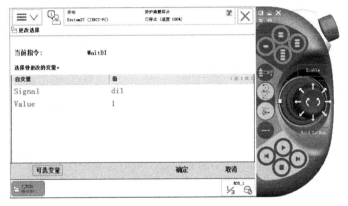

图 4-44　单击可选变量

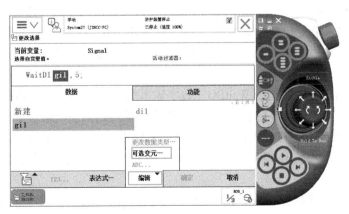

图 4-45　单击可选变元

②然后在可选变元界面选择要打开的变量功能，然后单击"已使用"，相应变元的功能就打开了，如图 4-46 所示。其实每条指令隐藏的可选变元有很多，从示教器添加指令时，只是默认打开了少数几个比较常用的参数，其余很多参数都隐藏在可选变元里。

③此时，指令的最大等待时间参数就出现了。在指令中更改等待的时间就可以正常使

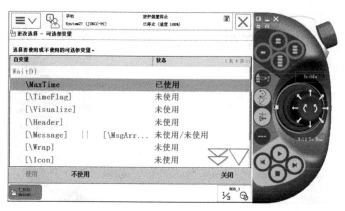

图 4-46　使用最大等待时间可选变量

用了，如图 4-47 所示。

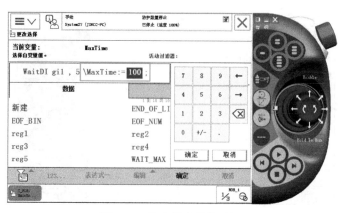

图 4-47　输入最大等待时间

　　大多数指令都隐藏了一些可选变元的功能，在需要使用到这些可选变元时，打开的方法如上所述。数字输入信号判断指令 WaitDI 指令的使用方法与其他 I/O 控制指令一样，只需要在编写程序时，在添加指令的"Common"栏找到相应的指令进行添加即可，如图 4-48 所示。

　　(2) 数字输出信号判断指令 WaitDO　数字输出信号判断指令 WaitDO 与 WaitDI 指令类似，用于判断机器人控制器的输出信号的值是否与目标值一致。如果信号的值与目标值一致，则继续按顺序执行下一条语句；如果不一致，程序指针会一直停留在这一句等待。数字输出信号判断指令 WaitDO 的程序结构由三部分组成，如图 4-49 所示。

　　① 第一部分为程序的标识符"WaitDO"，表示这条指令是一个数字输出信号判断指令。

　　② 第二部分是该条指令判断的数字输出信号，可以是单个数字输出信号也可以是组输出信号。

　　③ 第三部分是判断的目标值。

　　如图 4-50 所示，执行此指令时，等待 do1 的值为 1。如果 do1 为 1，则程序继续往下执行；如果到达最大等待时间 300s 后 do1 的值还不为 1，则工业机器人报警或进入出错处理程

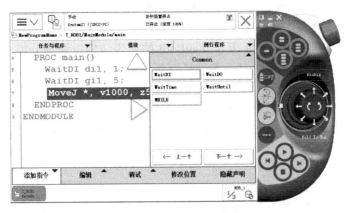

图 4-48　添加 WaitDI 指令

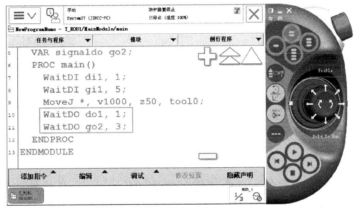

图 4-49　数字输出信号判断指令 WaitDO

序。300s 为默认的最大等待时间，可以在指令的可选变元中打开最大等待时间功能，根据实际需要进行最大等待时间的设定。

数字输出信号判断指令 WaitDO 的使用方法与其他 I/O 控制指令一样，只需要在编写程序时，在添加指令的"Common"栏找到相应的指令进行添加即可，如图 4-50 所示。

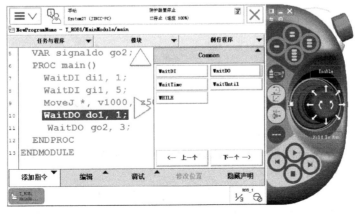

图 4-50　添加 WaitDO 指令

（3）信号判断指令 WaitUntil　信号判断指令 WaitUntil 可用于布尔量、数字量和 I/O 信号值的判断。如果条件到达指令中的设定值，程序继续往下执行，否则就一直等待，除非超出设定的最大等待时间。信号判断指令 WaitUntil 的程序结构由两部分组成，第一部分是指令的标识符 "WaitUntil"，表示这是一条信号判断指令；第二部分是判断的表达式。信号判断指令 WaitUntil 如图 4-51 所示。

信号判断指令 WaitUntil 不仅可以进行 I/O 信号的判断，也可以进行各种参数的判断。例如，图 4-51 便是对一个表达式来进行判断，下面以这条指令为例介绍在程序指令中添加表达式的方法。

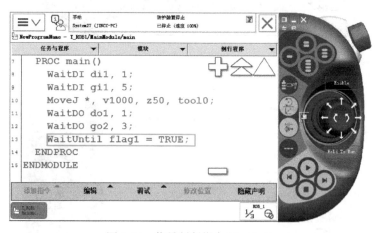

图 4-51　信号判断指令 WaitUntil

① 首先添加 WaitUntil 指令。在添加指令列表 "Common" 栏找到 "WaitUntil" 指令，进行添加，如图 4-52 所示。

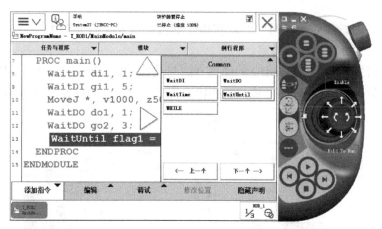

图 4-52　添加 WaitUntil 指令

② 在界面中选择准备判断的信号或数据的类型，这里要判断的是布尔量，因此选择 "bool"，如图 4-53 所示。

③ 然后在输入程序数据栏，单击 "表达式"，如图 4-54 所示。

④ 在表达式界面，单击右侧的 "＋" 号，增加运算符，如图 4-55 所示。

图 4-53　选择 bool 型变量

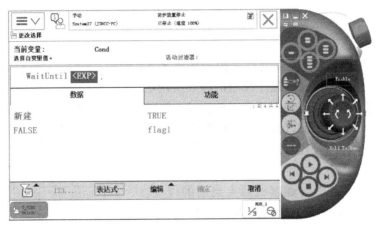

图 4-54　单击"表达式"

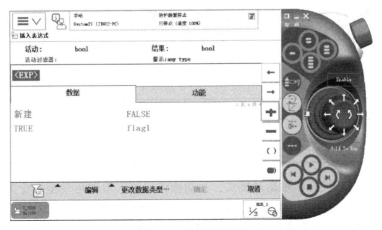

图 4-55　添加运算符

⑤ 分别选择变量和运算符，书写表达式，如图 4-56 所示。

⑥ 然后逐级单击"确定"，这样指令添加完毕。其余指令中添加表达式的方法也是一样的。

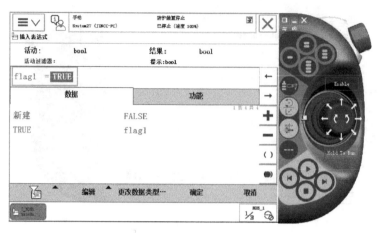

图 4-56　书写表达式

◇◆ 任务实施

1）根据任务要求，首先规划整个操作的机器人运行轨迹。整个任务要求通过程序控制机器人实现电动机模型的装配，总共需要装配两个工件，每个工件单独装配的过程是一样，所以在进行轨迹规划时，主要考虑一个工件装配的过程，另一个与之类似，绘制流程图如图 4-57 所示。

2）正确手持示教器，观察机器人当前的位姿，确保控制机器人运动过程中，机器人不会发生碰撞或危险。

3）确保机器人处于手动模式下，确定各急停开关可以正常使用，本任务中需要用到 I/O 信号以及 I/O 信号的状态对应的执行结构的动作见表 4-5。

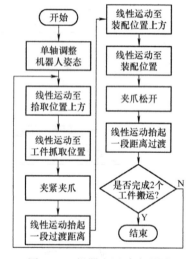

图 4-57　机器人运动流程图

表 4-5　I/O 信号表

执行机构	动作	信号名称	信号状态
平口夹爪	夹爪夹紧	YV3；YV4	YV3＝0；YV4＝1
	夹爪松开	YV3；YV4	YV3＝1；YV4＝0

4）使用快捷键切换至单轴运动模式，手动操作机器人单轴运动至一个方便抓取和释放工件的姿势，即 6 轴角度为 $[0°，0°，0°，0°，90°，0°]$ 的位置，如图 4-58 所示。

5）单击示教器左上角功能菜单的"程序编辑器"，进入程序编辑界面，如图 4-59 所示。

6）在程序编辑器中添加一条关节运动指令 MoveJ，用来控制机器人到达图 4-58 所示位置，调整拾取工件的机器人姿态。由于是调整机器人姿态，运动范围较大，不需要精确控制，因此选择关节运动指令 MoveJ，速度可以稍微快一点，选用 v200，转弯半径选用 z20。然后单击"修改位置"，记录该点的位置，如图 4-60 所示。

7）然后以相同的添加指令方法，对照流程图，分别添加运动指令、I/O 控制指令和其他辅助指令（例如 WaitTime 指令），设定指令的参数，完成程序的编写，如图 4-61 所示。

说明：编写程序时注意 I/O 控制指令前后运动指令的参数设置、转弯半径的设置和速度的选择。注意关节运动指令和线性运动指令的选择。

8）按照图 4-61 所示，进行示教器程序的编写，如图 4-62 和图 4-63 所示。图中也分别备注工件 1 和工件 2，以便区分，方便自己和他人阅读，养成良好的编程习惯。

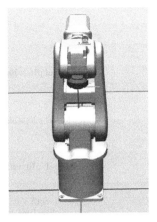

图 4-58　运动到 $[0°, 0°, 0°, 0°, 90°, 0°]$

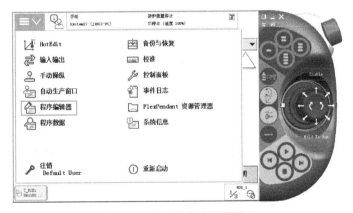

图 4-59　打开程序编辑器界面

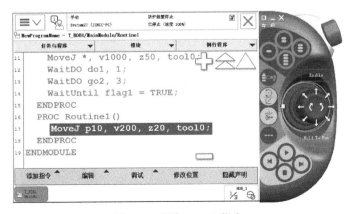

图 4-60　添加 MoveJ 指令

9）程序编写完成后，通过示教器进行机器人的程序调试运行，确认程序的功能即可，如图 4-64 所示。

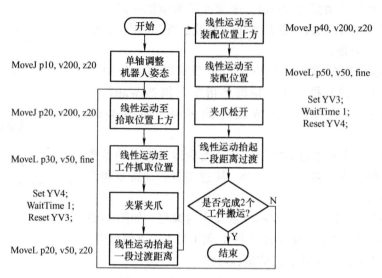

图 4-61　流程图对应的程序

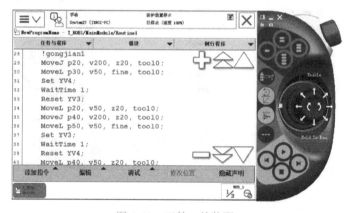

图 4-62　工件 1 的装配

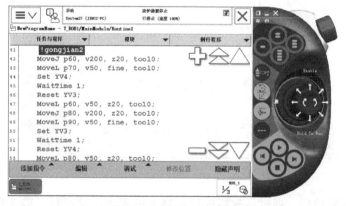

图 4-63　工件 2 的装配

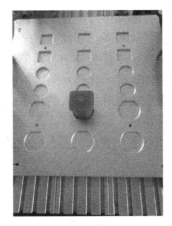

图 4-64 机器人完成电动机模型的装配

◇ **任务拓展**

在本任务原有功能的基础上，添加工具拾取功能，应用工业机器人示教器对机器人直接进行现场编程，控制机器人以不带工具为起始，首先进行直口工具的换装，然后携带有直口工具的机器人完成电动机模型的装配。要求整个程序编写过程以及调试运行过程不出现碰撞，机器人运行流畅，完整准确实现功能。

任务 2 工业机器人光束标号应用编程

◇ **任务描述**

应用工业机器人示教器，对机器人直接进行现场编程，控制机器人实现光束标号的操作。学习机器人运动指令的相关内容，了解 4 条运动指令选取的功能区别，掌握运动指令选取的方法。学习机器人程序结构，搭建合理的程序结构。通过运动指令选取和程序结构的搭建，控制机器人从空工具开始，首先拾取激光笔工具，然后完成标号的过程，如图 4-65 所示。要求整个程序编写过程以及调试运行过程不出现碰撞，机器人运行流畅，程序结构合理简洁，完整准确实现功能。

图 4-65 机器人标号

◇ **任务目标**

1）理解 4 条运动指令的功能和特点。
2）掌握 4 条运动指令选取的方法。
3）掌握机器人程序结构搭建的方法。

◆ **相关知识**

1. 基本知识

本任务要实现工业机器人从不带工具开始，首先在快换工具模块中拾取激光笔工具，然后携带激光笔工具，对钢坯模型进行激光标号。整个过程的运动轨迹相对比较复杂，运动形式比较多样，涉及的设备和I/O信号比较多。因此在上一个任务中所学的运动指令类型和程序编写结构，很难满足本任务的要求。本任务要学习两条运动指令，并进一步掌握各条运动指令的功能区别，学会根据实际应用情况，选择4条运动指令来准确高效地实现机器人移动的功能。学习机器人程序结构，按照功能对机器人的程序结构进行打包，并在主程序中对各程序进行调用。使程序结构变得合理化，易读易写。养成良好的编程习惯。

（1）圆弧运动指令 MoveC 本任务中要求机器人携带激光笔进行"R-08"的标号。在标号过程中，字母"R"、数字"0"和"8"中有很多的圆弧轨迹。在运行这些圆弧轨迹时，使用线性运动指令 MoveL 或关节运动指令 MoveJ 都是不合适的，因此我们要学习圆弧运动指令 MoveC 的使用方法。圆弧运动指令 MoveC 是控制机器人的 TCP 从起点到终点运动，并且轨迹始终保持为一条圆弧，如图 4-66 所示。

圆弧运动指令

圆弧运动指令 MoveC 在焊接、涂胶、搬运、装配等很多应用中是非常常见的一种指令。圆弧运动指令控制机器人运动有以下几个特点：

图 4-66 圆弧运动轨迹的示意图

1）机器人沿着圆弧运动，指的是机器人的 TCP 沿着圆弧运动，圆弧运动的参考点是工具中心点（TCP），速度控制等参数也是以 TCP 作为参考点的。

2）机器人始终以圆弧运动方式前进，一段圆弧运动轨迹如果5s中运行完毕，那么意味着每1s、每一时刻，机器人都在这条圆弧上，因此圆弧运动对于各轴的配合、运动的控制以及参数计算要求很高。

3）圆弧运动的最大角度是240°，超过240°的圆弧轨迹无法直接绘制，因此如果需要走过360°或任何超过240°的圆弧，都需要对圆弧进行分割，切换成多段圆弧逐个进行。另外，如果圆弧过小，示教点过于拥挤，圆弧也无法绘制，这是由于在进行轴控制时无法进行6轴的配合，与奇异点的原理类似。

4）圆弧运动指令需要设置两个目标点，但不是起点和终点，而是过渡点和终点。由于两个点之间的圆弧可能是上半圆也可能是下半圆，所以要通过过渡点确定唯一的圆弧。圆弧运动不规定机器人运动的起点。因此每次执行圆弧运动指令时，机器人控制器都会重新计算当前位置经过过渡点到达终点的圆弧轨迹。

圆弧运动指令与线性运动指令类似，机器人在运动过程中始终沿着圆弧进行运动，如果轨迹过长也可能会碰到奇异点。如果碰到奇异点，处理方法与线性运动时一样，可以将整段圆弧切割为几段分别移动；也可以调整机器人的姿态，改变起点的姿态，重新计算圆弧轨迹。在程序中添加一条圆弧运动指令的结果如图 4-67 所示。

图中 MoveC 指令一共由 6 部分组成，其中调用了 5 个参数，每部分的含义见表 4-6。圆弧运动指令 MoveC 除了包含有两个目标点位置数据外，其他参数与其他运动指令都一样。当然圆弧运动指令中也包含了一些隐藏的可选变元，可以通过可选变元功能打开使用，例如工件坐标系就没有显示，表示使用的是默认的工件坐标系，即基坐标系。需要注意的是，这里的转弯半径是针对目标点 p20 来说的，对于过渡点 p10，转弯半径不起作用。

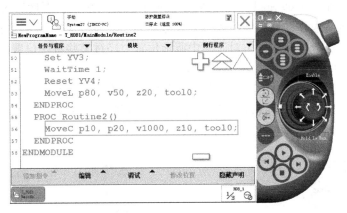

图 4-67　圆弧运动指令 MoveC

表 4-6　圆弧运动指令 MoveC 的组成

组件	数据	描述
MoveC	圆弧运动指令	规定机器人运动指令的类型
p10	目标点位置数据	记录圆弧运动的过渡点的位置
p20	目标点位置数据	记录圆弧运动的目标点的位置
v1000	运动速度数据	定义机器人 TCP 圆弧运动的速度数据
z10	转角区域数据	定义机器人移动指令的转弯区域数据
tool0	工具数据	定义机器人运行的参考工具数据

圆弧运动指令 MoveC 的使用方法与其他运动指令一样，在添加指令列表中找到 MoveC 进行添加，选择相应的参数，然后分别操作示教器对过渡点和目标点进行位置修改即可，如图 4-68 所示。

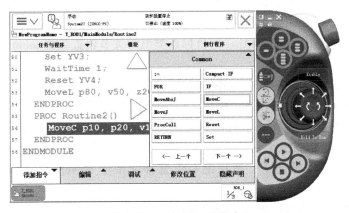

图 4-68　添加 MoveC 指令

（2）绝对位置移动指令 MoveAbsJ　本任务中要求机器人从不带工具开始，首先拾取激光笔工具。这一过程中机器人要完成转向、过渡、拾取激光笔的过程，涉及大范围的单轴角度的移动。另外，机器人携带激光笔进行标号的过程，也需要把激光笔调整到水平位置进行移动，通过几个轴之间的配合调

绝对位置
运动指令

整机器人的姿态。如图4-69和图4-70的姿态，对于机器人来说，直接通过单轴运动、线性运动等模式控制机器人移动到这样的姿态是比较困难的。而绝对位置移动指令MoveAbsJ是针对机器人的各轴进行单独控制，对于图中所示位置，经过某些特殊位置的过渡便很容易到达。因此接下来介绍绝对位置移动指令MoveAbsJ。

绝对位置移动指令MoveAbsJ控制机器人的各轴单独运动，并且互相不发生配合关系。绝对位置移动指令MoveAbsJ在机器人回原点、过渡点等场合下经常使用。绝对位置移动指令MoveAbsJ控制机器人运动有以下几个特点：

图4-69　机器人拾取工具姿态　　　　　　　　图4-70　机器人标号姿态

1）机器人各轴独立运动，互相不发生关系。因此在使用绝对位置移动指令时，机器人周围空间要尽量空旷，各轴各自运动，可能出现各种姿态，到达各种位姿。机器人运动不以TCP为参考，只考虑各轴的旋转角度和速度，因此计算量很小。

2）绝对位置移动指令MoveAbsJ所设置的目标点类型与其他运动指令不同。线性运动指令MoveL、关节运动指令MoveJ和圆弧运动指令MoveC的目标点类型都是robtarget位置数据类型，而绝对位置移动指令MoveAbsJ的目标点类型为关节位置数据jointtarget，只记录各关节轴的角度。

3）应用绝对位置移动指令MoveAbsJ移动机器人过程中，由于各轴不发生配合，因此不会出现奇异点的问题，只会出现某个轴超出机械或软件限位的问题。

4）绝对位置移动指令MoveAbsJ的目标点可以通过程序数据界面直接给定各关节轴的角度，无需示教，因此减少了目标点操作示教的时间，可以提高编程效率。同时在明确知道目标点各轴角度的情况下，使用绝对位置移动指令MoveAbsJ不仅快捷，而且更加准确。

在程序中添加一条绝对位置移动指令MoveAbsJ的结果如图4-71所示。

图中MoveAbsJ指令一共由5部分组成，其中调用了4个参数，每部分的含义见表4-7。绝对位置移动指令MoveAbsJ除了目标点类型与其他移动指令不同外，其他参数与其他移动指令都一样。当然MoveAbsJ指令中也包含了一些隐藏的可选变元，可以通过可选变元功能打开使用，例如工件坐标这里就没有显示，表示使用的是默认的工件坐标，即基坐标。

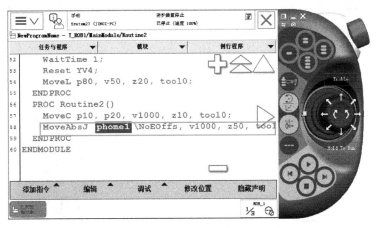

图 4-71　绝对位置移动指令 MoveAbsJ

表 4-7　绝对位置移动指令 MoveAbsJ 的组成

组件	数据	描述
MoveAbsJ	绝对位置移动指令	规定机器人运动指令的类型
phome1	目标点位置数据	记录绝对位置移动指令移动到的位置，记录了各轴角度
v1000	运动速度数据	定义机器人各轴运动的速度数据
z50	转角区域数据	定义机器人绝对位置移动指令的转弯区域数据
tool0	工具数据	定义机器人运行的参考工具数据

　　绝对位置移动指令 MoveAbsJ 的使用方法与其他移动指令类似，只是在添加目标点时，可以不通过示教，直接通过输入 6 个机器人轴的角度值的方法来进行标定。下面以控制机器人扭头至左侧过渡为例，介绍绝对位置移动指令 MoveAbsJ 的使用方法。

　　① 首先添加一条 MoveAbsJ 指令，如图 4-72 所示。

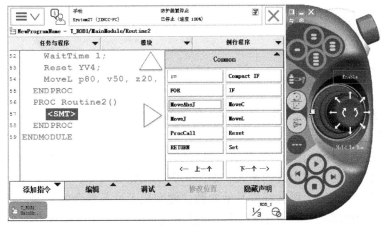

图 4-72　添加 MoveAbsJ 指令

　　② 双击目标点的参数，进入目标点参数设置界面。然后选择目标点或创建目标点，我们

这里要创建一个机器人向左侧的过渡点，因此单击"新建"进入新建目标点界面，如图4-73所示。

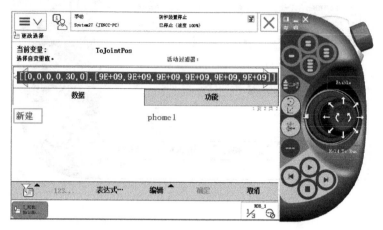

图4-73　创建目标点

③ 在新建目标点界面进行目标点数据的参数配置，由于是过渡点，首先给目标点命名为"pguo"，从而能够区分目标点的位置，养成良好编程习惯。然后进行其他参数配置。然后直接单击左下角"初始值"，设定数据的初值，也就是6轴的角度，如图4-74所示。

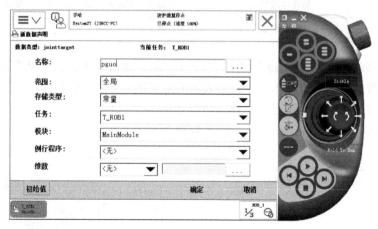

图4-74　设置目标点参数

④ 由于左侧是1轴的负方向，因此输入各轴的角度为 [-90°, 0°, 0°, 0°, 90°, 0°]，如图4-75所示。

⑤ 如果新建变量时忘记修改角度值，也可以在"程序数据"→"jointtarget"类型数据中找到该目标点，进行6轴角度的输入，如图4-76所示。

⑥ 然后单击"确定"，再选择好其他参数，便完成了这条指令的添加。然后调试运行该条指令，可以看到机器人来到图4-77所示的过渡点位置。另外，观察手动操作界面可以发现，机器人所处的各轴角度与设定的角度值完全一致，准确无误。操作既简单快捷，控制又精准无误，如图4-78所示。

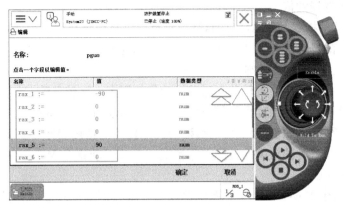

图 4-75　输入各轴的角度

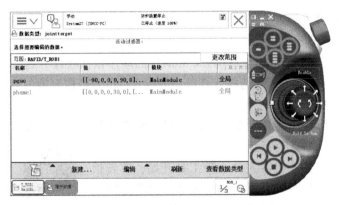

图 4-76　程序数据中的点

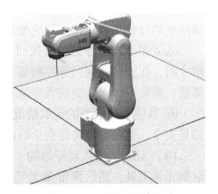

图 4-77　左侧过渡点位置

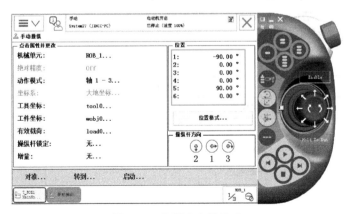

图 4-78　机器人各轴角度

（3）运动指令选取方法　到目前为止，前文一共介绍了 4 条控制机器人运动的指令，分别是绝对位置运动指令 MoveAbsJ、关节运动指令 MoveJ、线性运动指令 MoveL 和圆弧运动指令 MoveC。这是机器人运动控制的 4 条基本运动指令，可以覆盖绝大多数控制机器人运动的应用场合。但是对于如本任务要求的情况，如何根据不同的轨迹进行 4 条运动指令的选择，才是关键，接下来

移动指令
选取方法

介绍4条移动指令选择的依据，以供在进行机器人轨迹编程过程中参考。

① 绝对位置移动指令 MoveAbsJ 的目标点类型是关节位置数据 jointtarget，应用在确切知道机器人6轴位置的场合。一般情况下目标点是工作的起点、终点、待命点、过渡点以及一些特殊位置点。通过直接输入6轴角度的方法设置目标点姿态，快捷且准确。但是要求机器人运动过程周围要比较空旷，各轴独立运动，动作范围大，比较危险。如果机器人没有足够的动作空间，即使明确6轴角度也不能使用绝对位置移动指令 MoveAbsJ。

② 关节运动指令 MoveJ 应用于大范围移动，并且控制精度要求不高的情况。一般是机器人走位过程、不知道各轴角度的过渡点等情况。关节运动指令 MoveJ 会自动规避奇异点，使机器人运行更为流畅。

③ 线性运动指令 MoveL 应用于小范围移动，要求控制精度较高，并且轨迹为直线的情况。一般是生产加工中，必须严格遵守直线的情况。线性运动的过程一般对精度和速度都有要求。

④ 圆弧运动指令 MoveC 应用于机器人轨迹为圆弧的情况，一般是生产加工的场合。圆弧运动的过程一般对精度和速度都有明确要求。

⑤ 4条运动指令运算量按照 MoveAbsJ < MoveJ < MoveL < MoveC 的顺序依次排序，选用指令时，在能够达到同等控制要求的情况下，优先选择运算量小的指令可以减轻控制器的运算量，避免奇异点，提高程序执行的效率。

⑥ 具体运动指令的选取情况要视机器人的控制要求而定，但所有选择的第一考虑要素都是安全。要在首先确保安全的前提下，再进行运动指令的选取。

（4）ABB 机器人程序结构　本任务要求机器人从不带工具开始，首先拾取激光笔工具，然后携带激光笔工具，在钢坯模型上进行标号。整个过程流程比较复杂，激光笔要标注"R-08"，重复流程较多，因此合理化的程序结构可以帮助简化程序的编写，使程序更加容易阅读和编写，提高编程的效率。

ABB 机器人
程序结构

1）ABB 三层程序结构。ABB 机器人的程序结构分为3个层级，分别是任务与程序、模块和例行程序。其关系见表4-8。

表4-8　ABB 机器人三层结构

任务与程序			
程序模块 1	程序模块 2	程序模块 3	系统模块
程序数据	程序数据	……	程序数据
主程序 main	例行程序	……	例行程序
例行程序	中断程序	……	中断程序
中断程序	功能	……	功能
功能			

① 任务与程序是最高层级，类似于计算机 CPU 线程的概念。有几个任务，代表机器人控制器在同时运行几套程序。机器人的控制系统一般只有一个任务，想要开启多任务，需要向 ABB 公司购买相应的多任务选项包，然后才能开启多任务功能。

② 模块是 ABB 机器人的第二层级，具有一定的集合和管理的功能，一般以功能进行划分，将具有独立功能的程序段分装在同一个模块内。模块分为两种：一种是系统模块，用于

存储系统的参数和系统的配置；另一种是程序模块，提供给用户使用，用户可以根据需要创建多个用户模块进行。默认系统中有三个模块，一个系统模块"BASE"、一个系统模块"user"和一个程序模块"MainModule"，如图4-79所示。

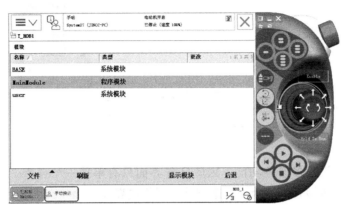

图4-79　模块

③ 接下来是第三级，包含各种例行程序、中断程序、程序数据、功能等。所有的程序中最多只能有一个主函数main。ABB机器人会通过名称搜索，认定名为"main"的程序为主程序。当机器人调整至自动模式时，程序指针会自动跳转到主程序第1行，按照顺序执行程序。所有模块下最多只能有一个主程序，但是例行程序、中断程序、功能、程序数据，只要存储范围没有限制，不同模块之间可以随意调用。合理的程序结构和模块可以使程序编写人员很容易理解和修改程序，也可以使其他操作人员很容易读懂。

2）创建程序结构的方法。合理的程序结构是良好的编程习惯的体现，程序应具有易读易写的特点。那么如何创建模块和程序，进而搭建合理的程序结构呢？方法如下。

① 单击示教器左上角主功能菜单，选择"程序编辑器"一栏，进入程序编辑界面，如图4-80所示。

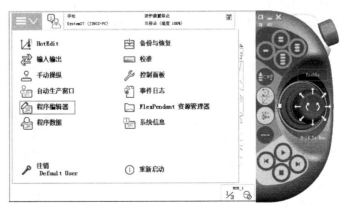

图4-80　打开程序编辑器

② 示教器会默认打开上次程序编辑器编辑过或最后关闭的程序。程序编辑器上侧区域中，对应着ABB机器人程序结构的三个层级，单击相应的按钮便能够进入相应层级的界面，如图4-81所示。首先单击"任务与程序"，进入相应界面。

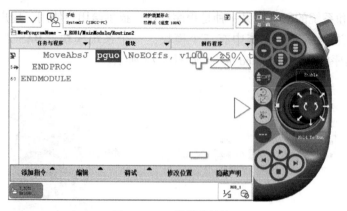

图 4-81　三层程序结构

③ 由于本系统没有多任务功能，因此任务界面只有单独一个任务，且不能创建更改，如图 4-82 所示。进入该任务层级，就来到下一层模块界面。

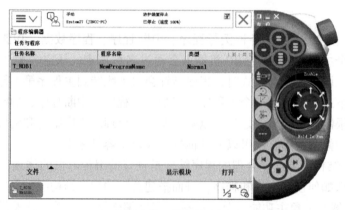

图 4-82　任务界面

④ 在模块界面显示该任务下的所有模块。在左下角"文件"一栏可以对选中的模块进行操作，如图 4-83 所示。"新建模块"可以新建新的模块；"加载模块"可以加载内置或外接的存储设备中的模块；"另存模块为"可以将当前模块导入到内置或外接的存储设备中；"更改声明"可以更改模块的声明；"删除模块"可以进行模块的删除。单击"新建模块"。

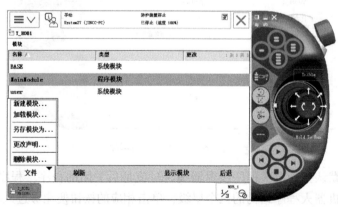

图 4-83　模块界面

⑤ 系统会提示可能会丢失指针，这是正常现象，调试程序时重新调用指针即可，选择"是"，如图 4-84 所示。

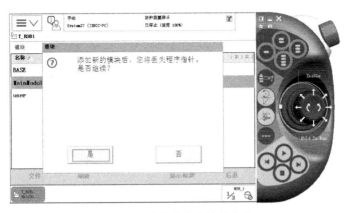

图 4-84　确认程序指针的变化

⑥ 输入模块名称和模块类型，一般情况下新建的模块都是自己使用的用户模块，选择"Program"即可，如图 4-85 所示。

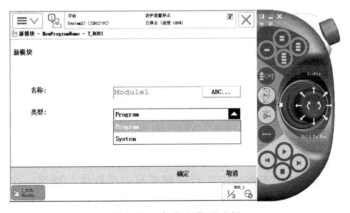

图 4-85　名称和类型选择

⑦ 单击"确定"后便新建完成了一个模块。进入模块界面后，再来到该模块的例行程序界面，方法与之前类似。然后进行例行程序的创建，创建方法与模块创建也类似，单击左下角"文件"，选择"新建例行程序"，如图 4-86 所示。

⑧ 进入例行程序创建界面，进行程序参数的配置。对例行程序进行命名，根据实际需求选择例行程序的类型和其他参数，然后单击"确定"完成创建，如图 4-87 所示。接下来运用模块创建的方法和例行程序创建的方法逐个进行创建，然后搭建合理的程序结构就可以了。

3）程序调用指令 ProcCall。创建了合理的程序结构后，在通过程序控制机器人运动的过程中，必然少不了不同程序之间的调用。例如本任务中，每次标号一个字符，都需要打开和关闭一次激光笔。因此出于程序结构合理化的考虑，要将激光笔的打开和关闭编制成为两个单独的例行程序进行打包封装。那么在控制机器人运动过程中，每当需要打开或关闭激光笔时，都要调用激光笔打开和关闭的程序，因此合理化的程序结构搭配程序调用指令，才能

图 4-86　创建例行程序

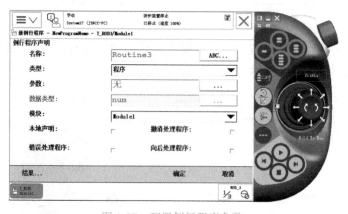

图 4-87　配置例行程序参数

够使程序结构清楚。

　　程序调用指令 ProcCall 用于将程序执行转移至另一个程序，待另一个程序执行完毕后，再调回本程序继续执行。ProcCall 指令常用于复杂的程序结构中的程序调用。ProcCall 指令并不显示在程序行内，只显示被调用的程序名称，如图 4-88 所示，这里便是调用了一次"main"程序。

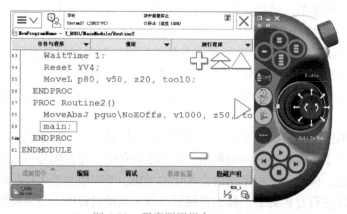

图 4-88　程序调用指令 ProcCall

ProcCall 指令使用的方法非常简单，在"添加指令"一栏中选择"ProcCall"指令。然后选择要调用的例行程序名称即可，如图4-89和图4-90所示。

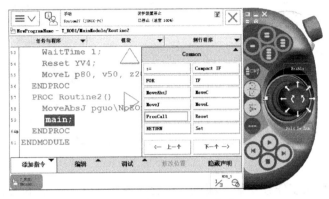

图 4-89　添加 ProcCall 指令

图 4-90　选择调用的程序

2. 拓展知识

前面的内容中已经介绍过合理的程序结构对于程序的编写和阅读都有很大的帮助。ABB机器人的程序结构主要有三个层级，分别是任务与程序、模块和例行程序。关于模块和例行程序的创建和使用，在前面的内容中已经进行了详细的介绍。想要开启多任务，需要购买ABB 的功能选项包。一般的机器人系统中默认不带有多任务功能，即一个机器人控制系统只有一个任务，无法并行工作。但是在某些应用场合中，需要机器人控制系统同时进行两项任务或多项任务，此时需要开启多线程，以使机器人的程序能够顺利运行，从而达到控制要求。

多任务功能相当于计算机 CPU 的多线程，指机器人在运行过程中同时处理多个任务。一般情况下，机器人系统默认只有一个任务，但是在复杂系统中常常需要多任务来支持系统运行，例如需要两个任务，一个前台任务，一个后台任务。前台任务控制机器人的移动，后台任务用来进行机器人与其他设备（例如 PLC 等）的信息交互。两个任务同时运行，并行处理。

（1）虚拟仿真软件的多任务功能包　在 ABB 机器人出厂时，默认是不配有多任务功能的，如果需要开启多任务功能，需要向 ABB 公司购买多任务功能选项包"623-1 Multitasking"。开启了该功能选项包以后，才能开启多任务功能，如图4-91所示。

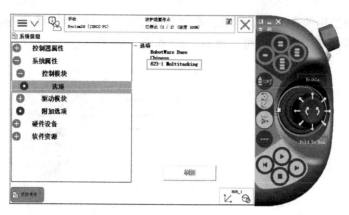

图 4-91　多任务功能选项包

实际设备需要购买多任务功能选项包，然后加载在机器人控制系统中，但是在 ABB 机器人虚拟仿真软件中，可以通过虚拟仿真的方法，给虚拟机器人加载多任务功能包，从而学习多任务的使用方法。

① 开虚拟仿真软件，加载机器人，如图 4-92 所示。单击"从布局"添加机器人系统。

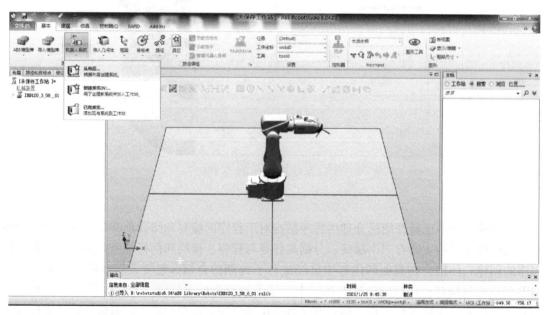

图 4-92　从布局创建系统

② 根据向导，逐条单击"下一个"，进行系统的创建，如图 4-93 所示。

③ 在系统选项界面，单击"选项"打开具体的系统选项功能界面，如图 4-94 所示。

④ 在系统选项功能界面中，左侧的机械单元工具选项包"Engineering Tools"中，可以找到"623-1 Multitasking"选项包，勾选该选项包。同时可以在右侧看到已经选择的功能。这里选择了默认语言为中文和 623-1 选项包，如图 4-95 所示。其实，在这个界面中，大家可以查看很多选项包功能。ABB 功能选项包功能十分丰富，满足各种应用情况，在实际设备不能够开启这些功能选项包的情况下，可以通过在虚拟仿真软件中尝试的方法进行功能选项包功能的认知和尝试。

图 4-93 单击下一个

图 4-94 打开选项界面

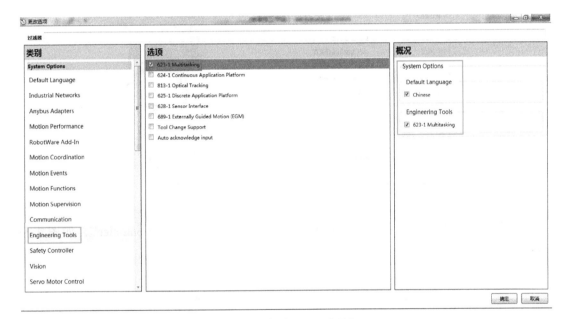

图 4-95 勾选 623-1 选项包

⑤ 然后单击"确定",查看已选择的选项包,然后生成系统即可,如图 4-96 所示。

这样就在虚拟仿真软件中创建了一个带有多功能选项包的机器人系统。

(2)多任务的创建 使用上述方法,可以在虚拟仿真软件中,创建一个带有多任务功能选项包的系统,接下来介绍如何给 ABB 机器人添加多个任务。

① 打开示教器左上角主功能菜单,单击"控制面板"进入控制面板界面,如图 4-97 所示。

图 4-96 完成系统创建

工业机器人应用编程

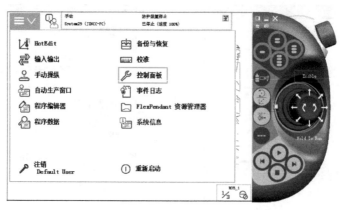

图 4-97　单击控制面板

② 在控制面板界面单击"配置"进入系统配置界面，如图 4-98 所示。

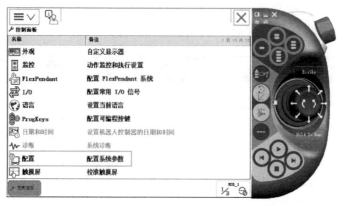

图 4-98　单击"配置"

③ 单击"配置"一栏下面的"主题"，在"主题"中勾选"Controller"，如图 4-99 所示。

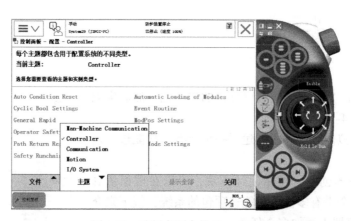

图 4-99　选择主题中的 Controller

④ 在配置界面中选择"task"，打开功能界面，如图 4-100所示。在功能界面中目前只有默认的一个功能，单击"添加"。

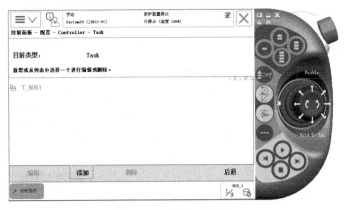

图 4-100　单击"添加"

⑤ 给新添加的任务命名，并将类型改为"Normal"，否则无法对该任务进行编辑，如图 4-101 所示。如果编辑完成以后，想要设置为只运行不修改，再回到此界面修改为静态"Static"或半静态"Semistatic"即可。

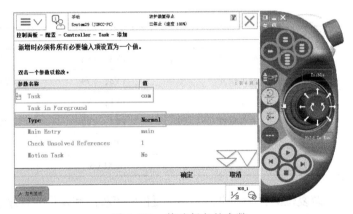

图 4-101　修改任务的参数

⑥ 单击"确定"，按照提示进行系统重启即可，如图 4-102 所示。

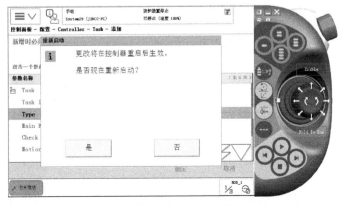

图 4-102　重启控制器

至此，另一个任务就创建完成了，此时机器人系统就具有两个任务。

任务实施

1）根据任务要求，首先规划整个操作的机器人运行轨迹。整个任务要求机器人首先拾取激光笔工具，然后携带激光笔工具，对钢坯模型进行"R-08"标号。考虑其中部分流程重复出现，并考虑到系统的复杂性，根据功能模块对流程结构进行规划，绘制流程图，如图4-103所示。其中每一步都是一段例行程序的调用，对应一个单独的功能。

2）正确手持示教器，观察机器人当前的位姿，确保控制机器人运动过程中，机器人不会发生碰撞或危险。

3）确保机器人处于手动模式下，确定各个急停开关可以正常使用，本任务中需要用到的I/O信号以及与I/O信号的状态对应的执行结构的动作见表4-9。

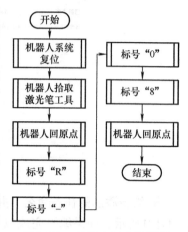

图4-103　机器人运动流程图

表4-9　I/O信号表

执行机构	动作	信号名称	信号状态
平口夹爪	夹爪夹紧	YV3；YV4	YV3＝0；YV4＝1
	夹爪松开	YV3；YV4	YV3＝1；YV4＝0
机器人卡盘	卡盘锁紧	YV1；YV2	YV1＝0；YV2＝1
	卡盘释放	YV1；YV2	YV1＝1；YV2＝0
激光笔	开启	EXDO8	EXDO8＝1
	关闭	EXDO8	EXDO8＝0

4）编写机器人系统复位的程序，机器人系统复位的流程图和复位的程序如图4-104所示。其中机器人home点的坐标是［0°，20°，-20°，0°，90°，0°］，机器人姿态如图4-105所示。

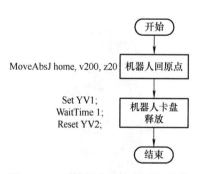

图4-104　系统复位的流程图和程序

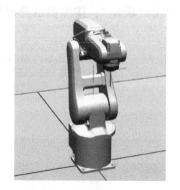

图4-105　机器人的初始位置

5）编写机器人拾取激光笔工具的程序，程序的流程图和复位的程序如图4-106所示。其中机器人过渡点的坐标是［-90°，20°，-20°，0°，90°，0°］，机器人左侧过渡点位置如图4-107所示。

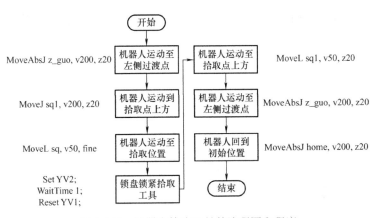

图4-106　机器人拾取工具的流程图和程序　　　　图4-107　机器人左侧过渡点位置

6）编写机器人标号"R"的程序，程序的流程图和程序如图4-108所示。其中"R"轨迹采用描点法，使用运动指令控制机器人移动即可。

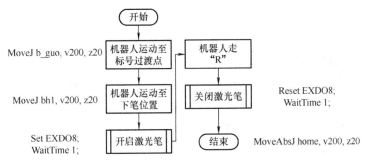

图4-108　标号"R"的流程图和程序

7）编写机器人标号"－""0""8"的程序，程序的流程与标号"R过程"类似，只是不用再经过过渡点了，直接进行标号即可，具体程序不再逐条讲解。

8）编写机器人回到初始位置的程序，这里注意考虑机器人安全操作，这里先回到标号的过渡位置，再回到机器人初始位置home点即可。

9）编制整个程序的主程序，通过"ProcCall"指令对各个程序进行逻辑控制的调用即可，如图4-109所示。

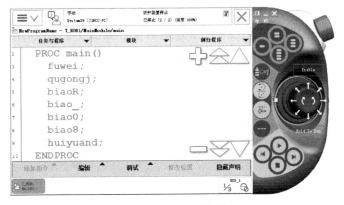

图4-109　主程序结构

185

10）程序编写完成后，通过示教器对机器人的程序进行调试运行，确认程序的功能即可，如图 4-110 所示。

图 4-110　机器人完成标号功能

◆ **任务拓展**

在原有标号系统的基础之上，添加控制机器人放回工具的功能和系统初始化复位两项功能。熟练掌握机器人程序编程和程序结构的使用方法，灵活使用程序复制等编程技巧，完成机器人复位、机器人拾取工具、机器人标号"R-99"、机器人放回工具、机器人系统复位的全过程。要求整个程序编写过程以及调试运行过程不出现碰撞，机器人运行流畅，程序结构合理简洁，完整准确实现功能。

任务 3　工业机器人码垛应用编程

◆ **任务描述**

应用工业机器人示教器，对机器人进行现场编程，控制机器人实现码垛应用编程。学习机器人循环指令和偏移的相关内容，掌握循环指令选取的方法以及偏移量计算。利用循环指令和运动指令的偏移量，简化重复码垛动作的大量程序指令，简化程序结构，并实现码垛的功能。控制机器人将 2 行、4 列整齐摆放的 8 个工件（行间距为 50mm，列间距为 75mm），如图 4-111a 所示，码垛成为 2 行、2 列、2 层的垛形，如图 4-111b 所示。已知工件的尺寸为长 30mm、宽 30mm、高 12mm。要求整个程序编写过程以及调试运行过程不出现碰撞，机器人运行流畅，程序结构合理简洁，完整准确实现功能。

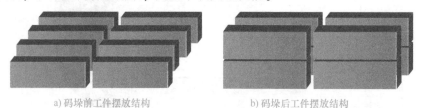

a) 码垛前工件摆放结构　　　　　　　　b) 码垛后工件摆放结构

图 4-111　码垛示意图

任务目标

1）掌握码垛的基本工作原理。
2）掌握机器人运动指令的偏移量计算。
3）掌握循环指令的使用方法。

相关知识

1. 基本知识

本任务要实现工业机器人码垛。使用前面所学习的方法，通过移动指令和吸盘工具，控制机器人对工件进行逐个搬运。8个工件编写8段搬运的运动指令，并逐个点进行示教，即可实现工业机器人码垛的功能。但是这种方法需要示教很多点，会把大量时间浪费到示教过程中。任务中只是码垛8个工件，实际生产环节中，码垛的工件数远不止8个，示教点的任务量将会十分巨大。其实每个工件搬运的过程都是一样的，只是示教点的位置不同。而我们已知工件的尺寸，因此每个示教点的位置都可以通过与其他示教点距离的计算而得到，这样只需要示教一个位置，而其他位置通过这个位置进行距离的计算便可以得到。通过计算得到其他点的位置后，可以使用循环指令，每次的机器人动作一样，只要循环计算，不停地变化示教点的坐标值就可以了。理论上这种方法是快捷高效而且可行的，在这个过程中需要用到机器人的位置偏移计算功能和机器人循环指令。接下来就来介绍这些内容。

（1）码垛基本知识　本任务要通过机器人来实现工件码垛的功能，码垛其实是工业生产中一道常见的工序，将原材料或产品按照统一规则进行堆放，从而节省空间并且方便取用。机器人码垛有很多优势，例如负载高、重复精度好、不知疲倦、效率高等，因此码垛领域中机器人得到了广泛的应用。

1）码垛的定义。码垛是一个基本的生产应用场景。将生产原材料、产品或中间产物等按照一定的规律进行码垛摆放和管理，既节省仓库的存储空间又方便生产取用，还保证了货物的安全，是工业生产中必不可少的一环。工业机器人在码垛中应用十分广泛。工业机器人码垛一般分为堆垛和拆垛两种。堆垛是指利用工业机器人从指定的位置将相同工件按照特定的垛形进行码垛堆放的过程。拆垛是利用工业机器人将按照特定的垛形存放的工件，依次取下搬运至指定位置的过程。例如本任务中要求将2行4列整齐摆放的8个工件，码垛成2行2列2层的结构便是堆垛。若要求工业机器人将栈板上的2行2列2层的工件逐个取下，放在传送带上，即为拆垛。

2）垛形设计原则。码垛垛形是指码垛时工件堆叠的方式，是指工件按照一定的规律平稳码放的样式。根据前文对本任务的分析可知，对于工业机器人码垛来说，程序能否简化，工件的位置能否通过偏移量来计算，与垛形的设计有很大的关系。在设计工业机器人码垛的系统前，首先要根据工件的尺寸设计码垛的垛形。关于垛形设计，需要考虑以下几个方面。

① 牢固。必须不偏不斜，不歪不倒，牢固坚实，与屋顶梁柱、墙壁保持一定的距离，确保堆垛的安全和牢固。

② 合理。不同商品的性能规格尺寸不相同，应采用不同的垛形进行区分。

③ 整齐。货堆应按一定的规格尺寸叠放排列整齐规范。

④ 定量。商品储存量不应超过仓储定额，即应储存在仓库的有效面积、地平承压能力

和可用高度允许的范围内。

⑤ 节约。堆垛时应注意节省空间位置，适当合理地安排货位的使用，提高仓容利用率。设计垛形时，要从以上五方面考虑来设计码垛过程的垛形。

3）常见码垛垛形。设计码垛垛形是一项需要经验的工作。设计垛形时需要结合工件本身的尺寸和特点，考虑堆垛存放的位置和环境，结合上述 5 个码垛的要求，综合考虑进行设计。对于工业机器人码垛来说，一般情况下常见的码垛垛形都是相对整齐规则的垛形，对于上小下大的锥子形垛形在本任务中暂时不做考虑。

根据本任务中的工件特点，考虑生产中工件的实际堆叠样式，码垛的垛形通常有重叠式和交错式两种。其中重叠式垛形分为一维重叠（X 方向、Y 方向或 Z 方向），二维重叠（XY 平面、YZ 平面或 XZ 平面）和三维重叠（XYZ 三维空间）。交错式垛形，又分为正反交错式、旋转交错式和纵横交错式。常见的码垛垛形如图 4-112 所示。本任务采用重叠式垛形。

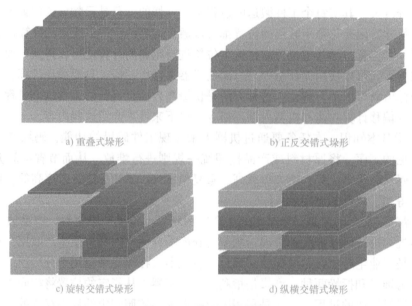

a) 重叠式垛形　　　　b) 正反交错式垛形

c) 旋转交错式垛形　　　　d) 纵横交错式垛形

图 4-112　常见码垛垛形

（2）目标点的偏移　我们可以通过运动指令来控制机器人到达某一个位置。添加移动指令时，我们通过移动机器人到达目标点位置，然后单击"修改位置"，将该目标点位置记录在目标点数据中。其实除了通过这种方法记录目标点的位置外，也可以通过已有目标点位置进行偏移计算的方法，得到新的目标点位置。这样就为利用循环指令和距离偏移实现机器人码垛程序的简化提供了可能。

1）目标点偏移功能。ABB 机器人的 robtarget 位置数据是带有偏移功能的。目标点的位置数据可以在已知点的基础上进行偏移得到，表示形式是 Offs（p10，100，50，20）。其含义是当前的位置以 p10 目标点为基准，在工件坐标系的正方向下，沿着 X 正方向偏移 100，Y 正方向偏移 50，Z 正方向偏移 20，单位是 mm。

我们以一条指令为例，介绍添加目标点偏移的方法。

① 打开 ABB 机器人示教器，进入手动操作界面，添加一条关节运动指令 MoveJ，并进

入 MoveJ 指令的目标点设定界面，如图 4-113 所示。通常在目标点选择界面直接选择目标点，这里单击右侧的"功能"选项。

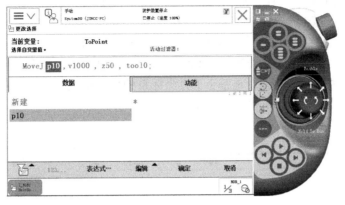

图 4-113　单击目标点的功能选项

② 在功能选项中选择"Offs"，如图 4-114 所示。

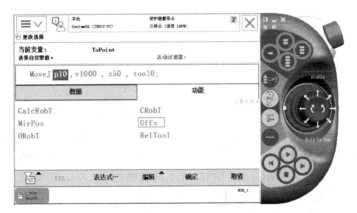

图 4-114　选择 Offs

③ 进入 Offs 偏移设定界面，然后分别输入相应的数值即可，如图 4-115 所示。

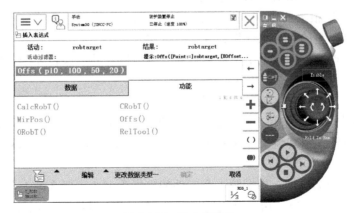

图 4-115　输入偏移量

④ 然后设定好其他参数，单击"确定"即可，便添加了一条目标点由偏移得到的关节运动指令 MoveJ，如图 4-116 所示。目标点的位置由 Offs 功能得到。此时执行关节运动指令，机器人不会运动到 p10 点，而会运动到距离 p10 点沿 X 正方向偏移 100、沿 Y 正方向偏移 50、沿 Z 正方向偏移 20 的位置。

需要注意的是，这种位置偏移功能只适用于 robtarget 类型的目标点数据，即绝对位置移动指令 MoveAbsJ 无法使用。另外如图 4-115 所示，除了 Offs 外，还有其他关于目标点的功能，例如 RelTool 也是偏移功能，是基于工具坐标系的偏移功能，其他的功能这里不做详细介绍，有需要的话请查阅 ABB 相关资料进行学习。

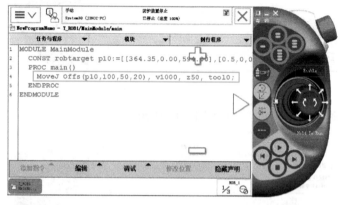

图 4-116   带有位置偏移的运动指令

2）目标点偏移量计算。学会了目标点偏移功能的使用方法，就可以通过计算得到每个工件的位置的偏移量，然后通过这种方法，以一个基准点作为标准，通过偏移计算其他目标点的位置。所以接下来要计算每个工件的点所对应基准点的偏移量。根据工业机器人码垛任务的要求，偏移量计算分为拾取工件时和放置工件时两组。

① 工件拾取位置的计算。了解了运动指令偏移量功能的使用方法，明确了之前码垛的垛形，在计算偏移量之前，还需要确定的便是偏移的基准以及拾取工件的顺序。基准点的选取以及拾取顺序的设定，对于偏移量计算也会产生很大的影响。为了减少计算量，方便操作，选取某一角的一个工件作为基准，按照先

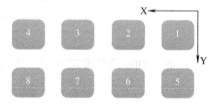

图 4-117   工件拾取位置图

行后列的顺序进行拾取。以第 1 个工件为基准，按照拾取的顺序将 8 个工件进行标号，如图 4-117 所示。

令第 1、2、3、4 个工件为第 1 行；第 5、6、7、8 个工件为第 2 行，按照 1~8 的顺序来进行工件的拾取。设定第 i 个工件，对应的数据行数为 pickhang，列数为 picklie。第 1 个工件为基准位置，则其余工件 X 和 Y 方向的偏移值为 pickoffx 和 pickoffy。Z 方向不用偏移。

以第 1 个工件作为基准，标定第 1 个工件的坐标为 pick，那么第 1 个工件的偏移量应该为 Offs（pick，0，0，0）。由于已知行间距是 75，列间距是 50，而第 2 个工件是 2 列 1 行，距离第 1 个工件 1 个列宽，0 个行宽。所以第 2 个工件的偏移量应该为 Offs（pick，

1*50，0*75，0）。依此类推，可以得到其他工件的偏移量。但是这样计算起来比较麻烦。第1个工件没有偏移，可以认为第1个工件相对基准位置0个行距，0个列距。因此，如果我们认为第1个工件的位置是0行0列，依此类推计算量就会化简。这样第2个工件位置就是0行1列，即第2个工件的 pickhang = 0，picklie = 1，第2个工件的偏移量为 Offs（pick，picklie*50，pickhang*75，0），即 Offs（pick，50，0，0），与之前计算结果一致，从而简化了运算。任意一个工件的偏移量可以表示为 Offs（pick，picklie*50，pickhang*75，0）。

根据以上分析知，工件排序可以从0开始，工件用标号"N"表示，第1个工件的标号 N = 0，依次类推，第2~8个工件，标号 N 对应为1~7。

最后，行和列可以通过除法和取余的方法计算。行数等于 N 除以4取整数部分，即0~3除4取0，4~5除4取1。因 ABB 控制器计算"DIV"时，如果除数、被除数都是整数，那么结果也只保留整数部分，因此行数计算就直接用 N 除以4就可以了。而列数计算直接用 N 对4取余即可。因此，得到行列计算的表达式如图4-118所示。这样，拾取点位置就可以用 Offs（pick，pickoffsx，pickoffsy，0）进行偏移得到了。

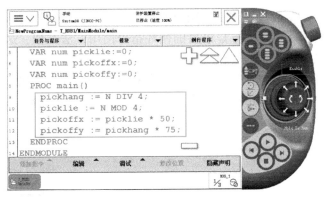

图4-118 拾取点位置计算

② 工件放置位置的计算。工件放置位置计算与拾取位置计算思路相同，首先确定放置的顺序和基准。仍然以第1个工件位置为基准，第1、2、3、4个工件为第1层，第5、6、7、8个工件为第二层，如图4-119所示。第1、2个工件为0列，第1、3个工件为0行，工件编号 N 为0~7。N 号工件对应的行数是

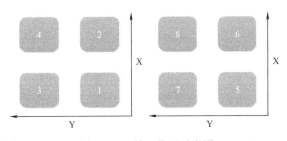

图4-119 放置位置示意图

puthang，列数是 putlie，层数为 putceng。以第1个工件（即0号工件）为基准，N 号工件的 X、Y、Z 偏移量分别是 putoffsx、putoffsy、putoffsz。那么 N 号工件的层数等于"N DIV 4"，即 N 除以4结果取整数。N 号工件的行数等于"（N MOD 4）DIV 2"，即 N 对4取余后再除2取整数部分。N 号工件的列数等于"（N MOD 4）MOD 2"，即 N 对4取余后再对2取余部分。工件放置计算的程序如图4-120所示。这样一来如果以第1个工件为基准，其目标点位置为 put，其余放置点位置为 Offs（put，putoffsx，putoffsy，putoffsz）。

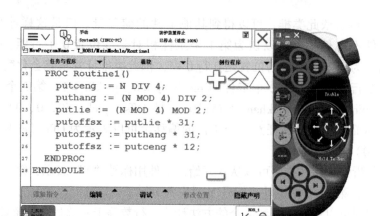

图 4-120　放置位置计算程序

值得注意的是，这里放置位置的 X 方向偏移和 Y 方向偏移乘以的间距是 31，而不是30，是因为码垛过程中，行和列之间也需要有少许的间隔，这里间隔是 1mm。

（3）循环指令　完成工件拾取位置和工件放置位置的偏移量计算后，只需要通过循环指令来控制机器人，根据偏移后的位置循环执行，将工件逐个拾取并逐个放置即可。ABB工业机器人的循环指令使用方法与 C 语言的循环指令使用方法类似，这里介绍两个循环指令，分别是 FOR 指令和 WHILE 指令。

① FOR 循环指令。FOR 循环指令是重复执行指令，一般在重复执行特定次数的程序内容时使用。程序编辑器中的 FOR 指令如图 4-121 所示。指令中各参数描述见表 4-10。

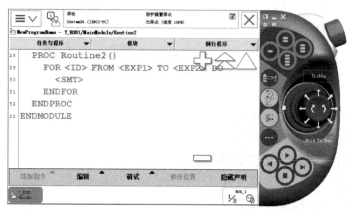

图 4-121　FOR 循环指令

FOR 循环指令在执行时，第 1 次 ＜ ID ＞ 的值等于 ＜ EXP1 ＞ 的值，然后执行 FOR 和ENDFOR 指令之间的指令片段。一般情况，执行一次后变量 ＜ ID ＞ 的值自动加 1，如果需要，可以在可选组件中设置 ＜ ID ＞ 增加的步长。然后程序再次执行 FOR 指令，第 2 次判断变量 ＜ ID ＞ 是否在 ＜ EXP1 ＞ 和 ＜ EXP2 ＞ 之间，如果判断结果成立，则 FOR 循环指令中的指定片段再次执行变量 ＜ ID ＞ 的值加 1。之后，依此类推，进行第 3 次、第 4 次判断，直到 ＜ ID ＞ 的值不在 ＜ EXP1 ＞ 和 ＜ EXP2 ＞ 之间，FOR 循环指令不再执行，程序执行 ENDFOR 循环之后的指令。

表4-10 FOR循环指令参数描述

组件	类型	描述
FOR	标识符	表示这是一个FOR循环指令
<ID>	数值数据	循环判断的变量数据
<EXP1>	数值数据或整数	变量的起始值，第一次运行时的值，可以是变量，也可以是数值
<EXP2>	数值数据或整数	变量的终止值，最后一次运行时的值，可以是变量，也可以是数值
<SMT>	指令	循环执行的程序
ENDFOR	结束标识	循环结束的标志

② WHILE循环指令。WHILE循环指令是条件循环指令，当条件判断表达式为TRUE时就会一直循环执行WHILE块中的指令内容；当条件判断表达式为FALSE时，则停止执行WHILE块中的指令内容。WHILE指令如图4-122所示，其参数描述见表4-11。

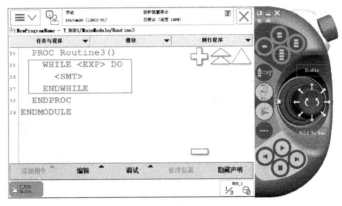

图4-122 WHILE循环指令

表4-11 WHILE循环指令参数描述

组件	类型	描述
WHILE	标识符	表示这是一个FOR循环指令
<EXP>	判断条件	循环判断的依据：TRUE，进入循环；FALSE，停止循环
<SMT>	指令	循环执行的程序
ENDWHILE	结束标识	循环结束的标志

<EXP>是循环判断条件，用光标选中并单击即可输入表达式，<EXP>可以是表达式，也可以是多个表达式之间的"与""或""非"或"求余"等关系条件的结果，只有TRUE或FALSE两种结果。<SMT>是指令输入参数，用光标选中<SMT>并单击添加指令按钮，即可完成循环内容的编写。

2. 拓展知识

本任务要求控制机器人实现工件码垛功能，垛形设计为重叠式垛形。根据前面的分析，可以使用循环指令配合偏移功能，以一个基准点为标准，偏移出其他位置，循环执行搬运过程，实现工件的码垛。这个过程中用到的循环指令FOR和WHILE已经介绍过了。除了这两个指令外，ABB机器人还有其他逻辑指令在某些情况下可以帮助完善码垛功能。另外，码埚过程中，机器人存在带货物和不带货物两种情况。本任务中码垛的工件重量较轻，负载重量不会影响机器人的运动。如果是负载较重的情况，还需要考虑负载重量，创建并使用有效载荷数据。这些内容将在拓展知识补充讲解。

（1）TEST 指令 除了 IF 指令外，ABB 机器人还有其他指令可以用来进行判断，例如 TEST 指令。TEST 指令类似于 C 语言中的 SWITCH 指令。TEST 指令是根据 TEST 数据的结果执行相应的程序。

TEST 数据可以是数值、变量，也可以是表达式，根据该数值或表达式的结果，执行相应的 CASE。TEST 指令用于选择分支较多的场合，如果选择分支不多，可以用 IF 的分支结构。使用 TEST 指令有以下几点注意事项。

① TEST 指令可以添加多个 CASE，但只能有一个 DEFAULT，也可以没有。

② TEST 可以对所有数据类型进行判断，但进行判断的数据必须有数值。

③ 如果没有很多的替代选择，可使用 IF-ELSE 代替。

④ 如果不同的值对应的程序一样，用","隔开条件来表达，从而化简程序。

添加 TEST 指令如图 4-123 所示。

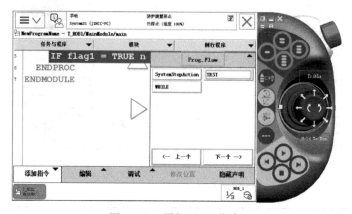

图 4-123　添加 TEST 指令

如图 4-124 所示，执行 TEST 指令时，判断 reg1 的取值。若取值为 1，机器人运动至 p10 点；若取值为 2、3，则机器人运动至 p20 点；否则运动到 p30 点。

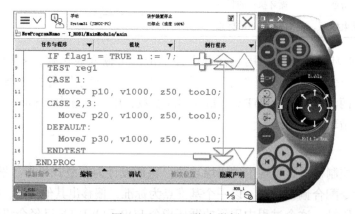

图 4-124　TEST 指令举例

（2）GripLoad 指令　机器人码垛过程中，如果携带的重物比较重，影响到机器人运动控制时，需要在合适的地方加载或卸载有效载荷。关于有效载荷的内容在本书项目2中已经有所介绍，这里只介绍加载有效载荷的指令 GripLoad。

GripLoad 指令用于加载有效载荷，例如搬运起重物以后要加载有效载荷数据；而放下重物后，要卸载有效载荷，即加载空载数据。使用方法如图 4-125 所示。第一条指令是移动到物体拾取位置 p10，然后通过置位 I/O 信号 do1 拾取物体，此时要加载有效载荷 load1；然后带着重物移动到放置位置 p20，复位 I/O 信号 do1 放置物体，此时要加载空载载荷 load0。

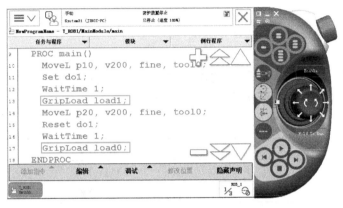

图 4-125　GripLoad 指令举例

GripLoad 指令没有在常用的"Common"指令栏里，而是在"Setting"指令栏里，如图 4-126 所示。使用时，首先添加 GripLoad 指令，然后选择要加载的有效载荷即可。

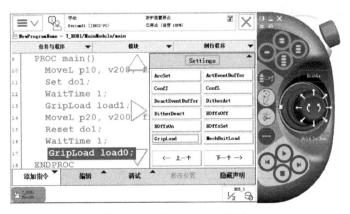

图 4-126　添加 GripLoad 指令

◇◇ 任务实施

1）根据任务要求，首先规划整个操作的机器人运行轨迹。整个任务要求机器人首先拾取吸盘工具，然后携带吸盘工具完成工件的码垛。根据功能模块对流程结构进行规划，绘制流程图，如图 4-127 所示。其中每一步都是一段例行程序的调用，对应一个单独的功能。

2）正确手持示教器，观察机器人当前的位姿，确保控制机器人运动过程中，机器人不会发生碰撞或危险。

图 4-127 机器人运动流程图

3）确保机器人处于手动模式下，确定各急停开关可以正常使用，本任务中需要用到的 I/O 信号及其状态对应的执行结构的动作见表 4-12。

表 4-12 I/O 信号表

执行机构	动作	信号名称	信号状态
机器人卡盘	卡盘锁紧	YV1；YV2	YV1 = 0；YV2 = 1
	卡盘释放	YV1；YV2	YV1 = 1；YV2 = 0
吸盘	开启	YV5	YV5 = 1
	关闭	YV5	YV5 = 0

4）编写机器人系统复位的程序，机器人系统复位的流程图和复位的程序如图 4-128 所示。其中机器人 home 点的坐标是 $[0°，20°，-20°，0°，90°，0°]$，机器人姿态如图 4-129 所示。

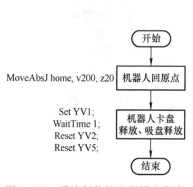

图 4-128 系统复位的流程图和程序

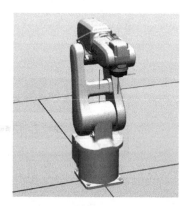

图 4-129 机器人姿态

5）编写机器人拾取吸盘工具的程序，程序的流程图和程序如图 4-130 所示。其中机器人过渡点的坐标是 $[-90°，20°，-20°，0°，90°，0°]$，机器人姿态如图 4-131 所示。

6）编写机器人码垛的程序，根据前文讲解的计算方法和程序编写方法，声明相应的变量然后使用循环和位置偏移，编写码垛程序如下：

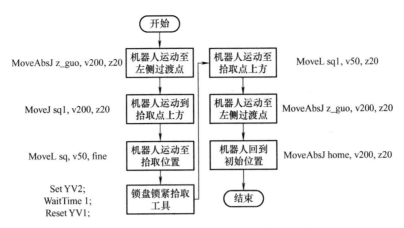

图4-130　机器人拾取工具的流程图和程序

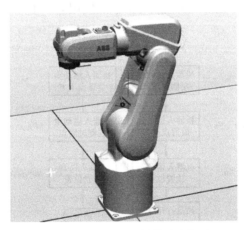

图4-131　机器人左侧过渡点位置

```
PROC MaDuo()
  MoveAbsJ Home \NoEOFFS,v200,fine,tool0;
  FOR N FROM 0 TO 7 DO
  pickhang:=N DIV 4;
  picklie:=N MOD 4;
  pickoffsx:=picklie* 50;
  pickoffsy:=pickhang* 75;
  puthang:=N DIV 2;
  putlie:=N MOD 2;
  putceng:=N DIV 4;
  putoffsx:=putlie* 31;
  putoffsy:=(puthang* 31)-(putceng* 62);
  putoffsz:=putceng* 12;
  MoveJ offs(pick,pickoffsx,pickoffsy,100),v200,z20,tool0;
  MoveL offs(pick,pickoffsx,pickoffsy,0),v200,fine,tool0;
```

```
    Set YV5;
    WaitTime 1;
    MoveL offs(pick,pickoffsx,pickoffsy,100),v200,z20,tool0;
    MoveJ offs(put, putoffsx,putoffsy,putoffsz +150),v200,z20,tool0;
    MoveL offs(put, putoffsx,putoffsy,putoffsz),v200,fine,tool0;
    Reset YV5;
    WaitTime 1;
    MoveL offs(put, putoffsx,putoffsy,putoffsz +150),v200,z20,tool0;
    ENDFOR
    MoveAbsJ Home \NoEOFFS,v200,fine,tool0;
  ENDPROC
```

7）编写机器人放回工具的程序，程序的流程图和程序如图 4-132 所示。其中机器人过渡点与拾取工具点使用同一个点，放置点与拾取点使用同一个点。

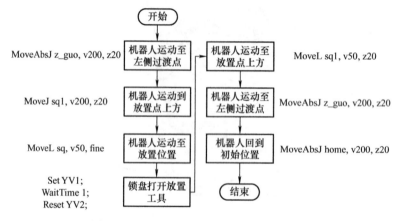

图 4-132　机器人放回工具的流程图和程序

8）编制整个程序的主程序，通过 "ProcCall" 指令对各程序进行逻辑控制的调用即可，如图 4-133 所示。

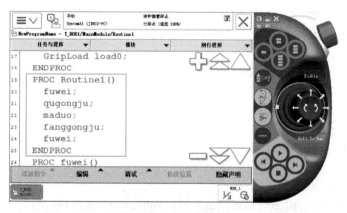

图 4-133　主程序结构

9）程序编写完成后，通过示教器进行机器人的程序调试运行，确认程序的功能即可，如图4-134所示。

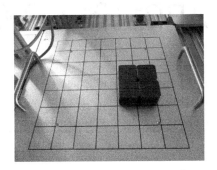

图4-134　机器人完成码垛功能

◇◆ 任务拓展

结合本任务中所学习的偏移指令和循环指令相关的内容，灵活运用码垛的编程方法，设计纵横交错式垛形码垛的程序，并通过示教器现场编程进行验证。要求整个程序编写过程以及调试运行过程不出现碰撞，机器人运行流畅，程序结构合理简洁，完整准确实现功能。

思考与练习

1. 请列举3种ABB机器人常见的程序数据类型，并说明其特点。
2. 请列举3种ABB机器人特有的程序数据类型，并说明其组成结构。
3. 请列举ABB机器人程序数据的3种存储类型，并说明其区别。
4. 请列举4条ABB机器人的运动指令，并说明其应用场合。
5. 说明运动指令中如何控制运动速度和转弯半径。
6. 通过控制机器人进行涂胶，使机器人沿直线从p10点运动到p20点，再沿弧线经过p30点，运动到p40点，要求速度为50mm/s，精度不低于±20mm，请进行程序设计。
7. 程序如图4-135所示，请分析程序执行的结果。
8. 请简述I/O控制指令使用过程的注意事项以及可能发生的危险。

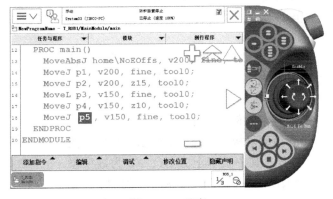

图4-135　程序

ABB机器人通信

在常见的加工生产任务中，往往需要外围设备的配合，工业机器人才能完成生产过程。常见的外围辅助设备包括工业相机、扫码器、RFID 模块等传感器、变位机、输送带以及实现不同加工任务的末端工具等。要实现机器人与外围设备的配合，需要实现机器人与外围设备的通信。本项目将利用工业机器人的常见信号通信方式，实现与快换装置、工业相机、RFID 等设备的通信。

任务1　工业机器人工具快换

◈◆ 任务描述

对于不同加工过程，机器人需要安装不同的末端工具。在一个加工任务中，可能涉及多个加工过程，这就要求能够快速实现不同工具之间的切换。本任务通过工业机器人 I/O 信号配置、程序编写，实现工业机器人末端工具的快速切换，具体为拆卸机器人末端工具夹爪，并在末端安装吸盘工具。

◈◆ 任务目标

1. 了解 I/O 信号配置过程。
2. 掌握 I/O 信号配置方法和相关程序的编写。

◆◈ 相关知识

1. 基本知识

ABB 机器人支持的常见的工业现场总线有 PROFINET、DeviceNet、CC‐link、PROFIBUS 和 Ethernet/IP 等。DeviceNet 较传统的以 RS‐485 为基础的通信协议成本低。DeviceNet 的直接互联性不仅改善了设备间的通信，同时提供了重要的设备级诊断功能。

ABB 机器人基于 DeviceNet 选项提供了若干 I/O（输入/输出）板，用户可以直接接线配置使用。其中最常见的板卡有 DSQC652、DSQC651、DSQC653 等。它们的结构相似，使用方法相同，这里以 DSQC652 板卡为例进行介绍。

（1）DSQC652 板卡　该型号板卡如图 5-1 所示，可以看到 I/O 板卡接口主要有 3 部分。其中板卡上方 X1、X2 为数字量输出端口，可提供 16 个输出点，其中 1~8 为输出通道，9 和 10 分别为输出端的 0V 和 24V，需要从外部引入电源。板卡下

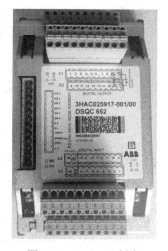

图 5-1　DSQC652 板卡

方 X3 和 X4 为数字量输入端口，能够提供 16 个输入点，其中 1~8 为输入通道，9 为 0V，需要从外部电源引入。

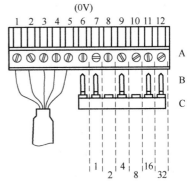

左侧 X5 是用于与机器人控制器进行数据连接的 DeviceNet接口，端口定义如图 5-2 所示，各引脚功能见表 5-1。引脚 1~5 为 DeviceNet 通信的标准接线，引脚 6 为 0V，引脚 7~12 设定地址位。采用短接片设置高电平有效。短接片中剪去的为高电平，未剪去的短接片为低电平。图 5-2 是默认的地址设置，剪去短接片的为引脚 8 和引脚 10，所以默认的地址为 2 + 8 = 10。若要增加板卡，需要修改增加板卡的地址，避免重复。

图 5-2　X5 端口定义

表 5-1　X5 各引脚功能

X5 端子号	功能
1	0V BLACK
2	CAN 信号线 low BLUE
3	屏蔽线
4	CAN 信号线 high WHITE
5	24V RED
6	GND 地址选择公共端
7	模块 ID bit0
8	模块 ID bit1
9	模块 ID bit2
10	模块 ID bit3
11	模块 ID bit4
12	模块 ID bit5

（2）末端工具与工具切换　机器人通过 I/O 板卡 DSQC652 实现对末端快换工具模块的控制，从而实现工具锁紧与释放的控制，工具可以自由安装与拆卸，配合机器人运动程序以完成由夹爪到吸盘的切换。

快换工具模块

机器人快换工具如图 5-3 所示，机器人快换工具包括公端（机器人端）和母端（工具端），公端内有锁定气路和工具控制气路。工具的快换是通过锁定气路实现的。锁定气路由活塞、锁紧气腔和释放气腔组成。活塞设置在公端壳体内，活塞将公端壳体内腔体分割为锁紧气路和释放气路。

图 5-3　机器人快换工具

公端固定块上均匀分布有若干锥形孔，滚珠位于锥形孔内，滚珠通过锥形孔与滑动块接触配合；母端固定块环形内壁上设置有环形的凹槽，凹槽与公端的滚珠相配合。

当锁紧气腔通气时，滚珠突出锁紧母端。当释放气腔通气时，滚珠收于内侧，母端可以自由安装和取下。

本任务中用到的两个末端工具分别为弧口夹爪工具和吸盘工具,如图5-4所示。要实现这两个工具的快速切换,就要通过控制锁紧气腔和释放气腔的通气与否,从而实现工具的加紧与释放。气腔的通气与否是通过电磁阀控制的。

(3)添加和配置信号 机器人配置板卡,板卡与快换模块进行连接。然后需要配置板卡的信号,使用信号控制快换模块的动作。不同板卡的信号配置方法类似,下面以DSQC652板卡为例对信号配置的方法进行说明。使用RobotStudio虚拟仿真时,应确认建立的系统已经有"709-1 DeviceNetMaster/Slave"选项。在创建虚拟系统时,勾选"自定义选项",添加"709-1 DeviceNetMaster/Slave"选项,如图5-5所示。

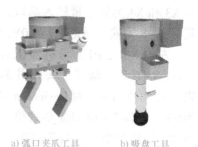

a) 弧口夹爪工具　　　　b) 吸盘工具

图5-4　工业机器人末端工具

图5-5　新建系统自定义选项

1)添加板卡。进入示教器,选择"控制面板"→"配置"→"DeviceNet Device",如图5-6所示。

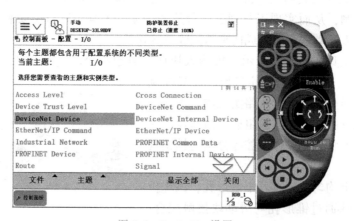

图5-6　DeviceNet设置

单击"添加",模板选择"DSQC 652"。根据板卡实际的短接片地址,修改"Address"参数。默认为10,如图5-7所示。

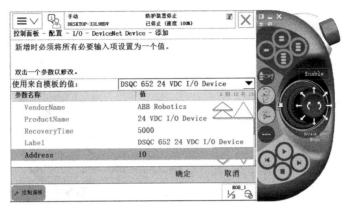

图5-7　板卡信息设置

确定后，即完成板卡的添加。I/O配置重启后生效。系统提示"是否重启"，可以选择暂不重启，待全部配置完成后一并重启。

2）添加单个信号。进入示教器，选择"控制面板"→"配置"→"Signal"，单击"添加"，如图5-8所示。

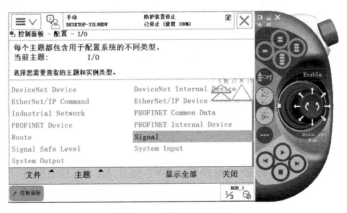

图5-8　添加单个信号

此处举例添加一个数字输出（Digital Output）信号。设置信号名称（Name）为DO1；设置信号类型（Type of Signal）为数字输出（Digital Output）；设置信号所连接设备（Assigned to Device），选择前文添加的板卡d652；设置信号在设备上的地址（Device Mapping），地址根据实际信号所接引脚确定，若接线为数字输出区域的1号引脚，则设置地址为0，依此类推，如图5-9所示。

同理也可添加数字输入信号，只需将信号类型设置为数字输入（Digital Input）。添加完成后，重启机器人，使I/O配置生效。

（4）快换模块的接口　实际设备中板卡相应的信号端子与电磁阀相连，通过控制电磁阀的工作状态实现工具的夹紧和松开。与末端工具相关的接线如图5-10所示，相关的接线接在DSQC652的X1端口上，其中YV1～YV5为对应的5个电磁阀，接口信号见表5-2。

快换工具
I/O信号

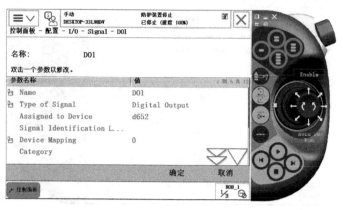

图 5-9　数字输出信号配置

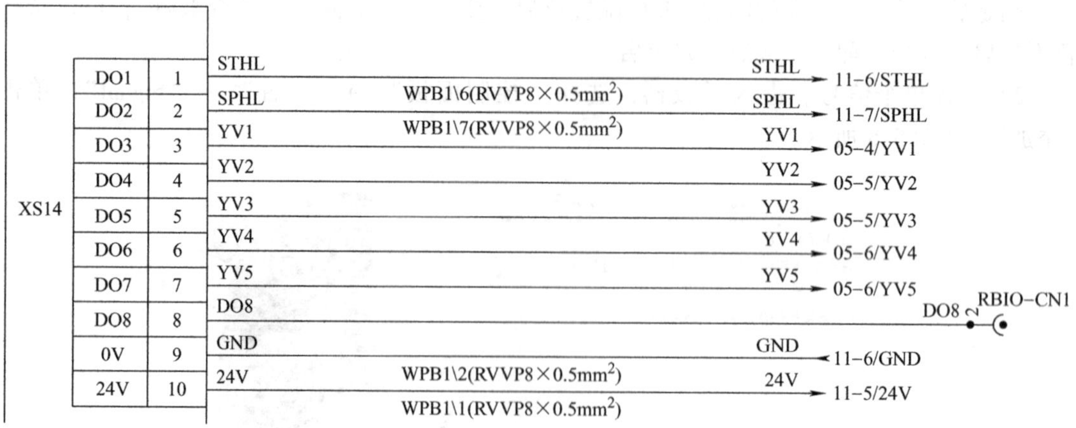

图 5-10　DSQC652 板卡接线

YV1 控制主盘释放，YV2 控制主盘锁紧。YV1 接在 X1 端口的 DO3 引脚，YV2 接在 X1 端口的 DO4 引脚。

表 5-2　机器人接口信号

功能	引脚状态				
	YV1	YV2	YV3	YV4	YV5
主盘锁紧	0	1	0	0	0
主盘释放	1	0	0	0	0
夹爪闭合	0	0	0	1	0
夹爪张开	0	0	1	0	0
吸盘真空	0	0	0	0	1
真空破坏	0	0	0	1	0

（5）末端工具的安装与拆卸

1）工具的安装。首先置位主盘释放信号，复位主盘锁紧信号，使滚珠松开，工具就能自由安装和拆卸。

接着使机器人运动到工具位置，然后控制主盘锁紧信号置位，主盘释放信号复位，此时滚珠锁紧，便完成了工具的安装，工具安装位置如图5-11所示。

图5-11 工具安装位置

2）工具的拆卸。需要拆卸工具时，使机器人运动到工具放置位置，然后复位主盘锁紧信号，置位主盘释放信号，此时滚珠松开，工具在重力作用下脱离机器人，实现工具的拆卸。

2. 拓展知识

添加组信号

若同时控制若干个DO信号，或使用若干DI信号，可将其组成组（Group），提高利用率［如4位信号通过8421码可以构成16（0~15）种状态］。

在使用组信号后，部分程序能够简化，同时避免因先后程序的时间差而导致的误判。如使用等待单个DI信号语句：

```
WaitDIDI1,1;
WaitDIDI2,1;
WaitDIDI3,1;
WaitDIDI4,1;
```

在等待DI3变为1时，可能DI0已经转化为0，导致误判。若使用等待组输入语句：

```
WaitDIGI1,15;
```

就能有效规避上述问题。

组信号创建步骤如下：

1）进入示教器，选择"控制面板"→"配置"→"Signal"，单击"添加"，如图5-12所示。

2）此处举例添加一个组输入信号（Group Input），如图5-13所示。

设置信号名称（Name）为"GI1"；设置信号类型（Type of Signal）为"Group Input"；

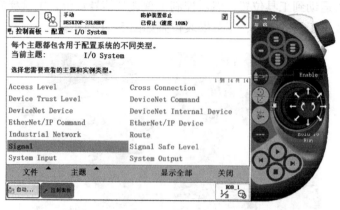

图 5-12　添加组信号

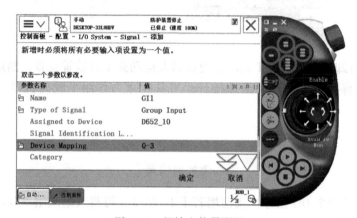

图 5-13　组输入信号配置

"Assigned to Device" 设置为 DSQC652 板卡。设置信号地址（Device Mapping）为 "0-3"，标识该组信号初始地址为 0，结束地址为 3，如图 5-13 所示。

3）若加入组信号的地址不连续，可以使用图 5-14 所示格式进行配置。

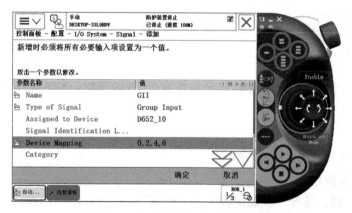

图 5-14　地址不连续组输入信号配置

4）配置结束后单击 "确定"，重启后该组信号便创建成功了。

◆ 任务实施

1）参见表 5-2，配置设备输出 YV1 和 YV2，配置界面如图 5-15 所示。

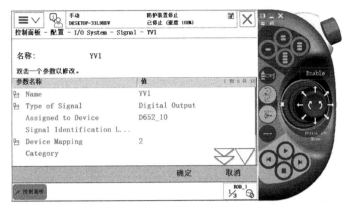

a）YV1信号配置

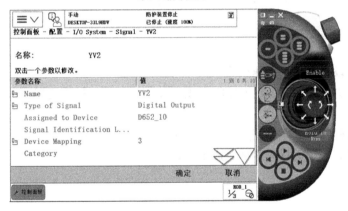

b）YV2信号配置

图 5-15　信号配置

2）设计程序。根据控制要求，在机器人中编写程序，程序设计如图 5-16 所示。首先在工具点 1 拾起工具弧口夹爪。

```
MoveAbsJ Home\NoEOffs, v200, z50, tool0;          !回到原点
Reset YV2;                                          !复位主盘锁紧信号
Set YV1;                                            !置位主盘释放信号
WaitTime 1;                                         !延时1s
MoveJ ToolTransit, v200, z50, tool0;               !运动到工具过渡点
MoveL Offs(ToolPos1,0,0,150), v200, z20, tool0;    !运动到工具1位置上方
MoveL ToolPos1, v100, fine, tool0;                 !运动到工具1位置
Reset YV1;                                          !复位主盘释放信号
Set YV2;                                            !置位主盘锁紧信号
WaitTime 1;                                         !延时1s
MoveL Offs(ToolPos1,0,0,150), v200, z20, tool0;    !运动到工具1位置上方
MoveJ ToolTransit, v200, z50, tool0;               !运动到工具过渡点
MoveAbsJ Home\NoEOffs, v200, z50, tool0;           !回到原点
```

图 5-16　夹爪工具安装程序

继续编程实现将夹爪放回原位，程序如图 5-17 所示。

然后拾起吸盘工具，程序中工具 2 即为吸盘工具，程序如图 5-18 所示。

```
MoveAbsJ Home\NoEOffs, v200, z50, tool0;        !回到原点
MoveJ ToolTransit, v200, z50, tool0;            !运动到工具过渡点
MoveL Offs(ToolPos1,0,0,150), v200, z20, tool0; !运动到工具1正上方
MoveJ ToolPos1, v100, fine, tool0;              !运动到工具1位置
Reset YV2;                                      !复位主盘锁紧信号
Set YV1;                                        !置位主盘释放信号
WaitTime 1;                                     !延时1s
MoveL Offs(ToolPos1,0,0,150), v200, z20, tool0; !运动到工具1位置正上方
MoveJ ToolTransit, v200, z50, tool0;            !运动到工具过渡点
MoveAbsJ Home\NoEOffs, v200, z50, tool0;        !回到原点
```

图5-17　夹爪工具拆卸程序

```
MoveAbsJ Home\NoEOffs, v200, z50, tool0;        !回到原点
Reset YV2;                                      !复位主盘锁紧信号
Set YV1;                                        !置位主盘释放信号
WaitTime 1;                                     !延时1s
MoveJ ToolTransit, v200, z50, tool0;            !运动到工具过渡点
MoveL Offs(ToolPos2,0,0,150), v200, z20, tool0; !运动到工具2位置上方
MoveL ToolPos2, v100, fine, tool0;              !运动到工具2位置
Reset YV1;                                      !复位主盘释放信号
Set YV2;                                        !置位主盘锁紧信号
WaitTime 1;                                     !延时1s
MoveL Offs(ToolPos2,0,0,150), v200, z20, tool0; !运动到工具2位置上方
MoveJ ToolTransit, v200, z50, tool0;            !运动到工具过渡点
MoveAbsJ Home\NoEOffs, v200, z50, tool0;        !回到原点
```

图5-18　吸盘工具安装程序

3）运行调试

① 将机器人设置为手动慢速模式。

② 编写程序并依次示教点位工具过渡点 ToolTransit、夹具位置 ToolPos1 和吸盘位置 ToolPos2。

③ 单步运行机器人程序，调整示教点位至运行过程无碰撞。

④ 调试完成后连续运行程序，完成工具切换。

◇◆ 任务拓展

配置机器人系统安装的 DSQC652 板卡，通过板卡的信号与电磁阀连接。配置相应的I/O信号，通过程序控制I/O信号和机器人动作，实现机器人末端工具由吸盘工具切换为夹爪工具。要求工作过程安全、高效，程序运行流畅。

任务 2　工业机器人视觉定位应用编程

◇◆ 任务描述

机器人视觉定位是生产应用过程中的常见功能，在搬运、组装等生产过程中应用广泛。本任务要求实现相机与工业机器人的接线并根据实际接线进行通信配置。调整相机参数，配合机器人程序编写，实现通过机器人程序控制相机拍照并获取工件旋转角度的功能。

◇◆ 任务目标

1）了解机器人与相机通信的基本步骤。

2）掌握机器人 SOCKET 通信编程指令与通信方式。

3）掌握康耐视相机定位部件的设置步骤。

◆◇ **相关知识**

1. 基本知识

机器人视觉技术是利用电子信息技术来模拟人的视觉功能，从客观事物的图像中提取信息和感知理解，并用于检测、测量、定位、识别等领域的一项技术，具有高度自动化、高效率、高精度、高适应性等优点，是实现工业自动化和智能化的必要手段。

（1）机器人视觉系统的工作原理　一个典型的机器视觉系统包括光源、镜头、相机、图像采集卡、图像处理软件、输入/输出单元等，如图5-19所示。相机拍照将待测物体转换为图像信号，再通过图像采集卡将图像信号传送给专用的图像处理软件，根据像素分布和亮度、颜色等信息转换为数字信号。图像处理软件通过一定的矩阵、线性变换，将原始图像画面变换为高对比度图像，对这些数字信号进行处理从而得到目标的特征，如面积、数量、位置、长度等。再根据预设的判断条件输出结果，包括对象的尺寸、位置、角度、合格与否等，实现自动识别。最终将判断的结果发送给现场设备以完成引导、检测等功能，实现自动生产和质量控制等目标。

视觉系统
工作原理

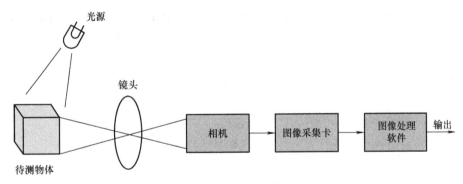

图5-19　视觉系统工作原理

例如，在安装输出法兰的过程中，输出法兰在输送带上的角度不是固定的，如图5-20所示。

要实现法兰的装配，输出法兰需要与关节基座保持固定的装配关系，如图5-21所示。所以在进行输出法兰的装配之前，需要识别法兰相对于示教状态偏转的角度值。

图5-20　输出法兰工件发生旋转

图5-21　输出法兰装配

康耐视智能相机集成了图像的采集、处理和通信功能，通过配置和调试，能够直接发送图像处理结果给机器人。这里我们通过配置康耐视相机，识别出当前工件角度信息传给机器人，引导机器人完成工件装配。

（2）机器人通信设置　康耐视相机与 ABB 机器人之间的通信是通过基于 Socket 以太网实现的。通信设置如图 5-22 所示，在本任务中 ABB 机器人作为客户端，编写 Socket 通信程序，发出信息获取指令。相机作为客户端，给机器人提供识别出的数据。本任务使用的相机为 Insight 2000 智能相机。

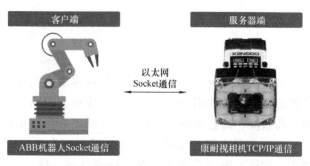

图 5-22　ABB 机器人与康耐视相机通信

ABB 机器人与康耐视相机的通信流程如图 5-23 所示。

机器人首先发出连接指令，相机反馈欢迎信息，提示机器人发送账户密码信息进行登录。

机器人与相机的
Socket 通信

机器人依次发送账号名"admin/0D/0A"以及密码"/0D/0A"。相机在验证账号密码后提示机器人相机登录成功。

此时机器人发送"se8/0D/0A"控制相机拍照，如果相机返回 1 则表明相机拍照成功。

拍照完成后，机器人发送"GV + 需要获取的属性 + /0D/0A"，相机在接收到数据后会返回相应的数据。需要注意的是，返回的不是单独的角度值，需要进行解析，找到目标数据。

获得需要的数据后，机器人就可以断开连接了。

图 5-23　ABB 机器人与康耐视相机通信流程

机器人中 Socket 通信编程的指令有：SocketClose、SocketCreate、SocketConnect、Socket-GetStatus、SocketReceive、SocketSend。

1）SocketClose 指令，具体使用方法见表 5-3。

表 5-3　SocketClose 指令

指令	SocketClose Socket	功能	关闭套接字
参数	Socket	有待关闭的套接字	
示例	SocketClose socket1；关闭套接字 socket1		

2）SocketCreate 指令，具体使用方法见表 5-4。

表 5-4 SocketCreate 指令

指令	SocketCreate Socket	功能	创建 Socket 套接字
参数	Socket	用于存储系统内部套接字数据的变量	
示例	SocketCreate socket1；创建套接字 socket1		

3）SocketConnect 指令，具体使用方法见表 5-5。

表 5-5 SocketConnect 指令

指令	SocketConnect Socket Address Port	功能	建立 socket 连接
参数	Socket	有待连接的服务器套接字。必须创建尚未连接的套接字	
	Address	远程计算机的 IP 地址，不能使用远程计算机的名称	
	Port	位于远程计算机上的端口	
示例	SocketConnect socket1，"192.168.0.1"，1025； 尝试与 IP 地址 192.168.0.1 和端口 1025 处的远程计算机相连		

4）SocketGetStatus 指令，具体使用方法见表 5-6。

表 5-6 SocketGetStatus 指令

指令	SocketGetStatus（Socket）	功能	获取套接字当前的状态
参数	Socket	用于存储系统内部套接字数据的变量	
示例	state：= SocketGetStatus（socket1）；返回 socket1 套接字当前的状态		
套接字状态	SOCKET _ CREATED、SOCKET _ CONNECTED、SOCKET _ BOUND、SOCKET _ LISTENING、SOCKET_CLOSED		

5）SocketReceive 指令，具体使用方法见表 5-7。

表 5-7 SocketReceive 指令

指令	SocketReceiveSocket［\Str］｜［\RawData］｜［\Data］	功能	接收来自客户端（或服务器端）的数据
参数	Socket	在套接字接收数据的客户端应用中，必须已经创建和连接套接字	
	［\Str］｜［\RawData］｜［\Data］	应当存储接收数据的变量 同一时间只能使用可选参数 \ Str、\ RawData 或 \ Data 中的一个	
示例	SocketReceive socket1 \ Str：= str_data； 从远程计算机接收数据，并将其存储在字符串变量 str_data 中		

6）SocketSend 指令，具体使用方法见表 5-8。

表 5-8　SocketSend 指令

指令	SocketSend Socket[\Str] [\RawData][\Data]	功能	向客户端（或服务器端）发送相应的数据
参数	Socket	在客户端应用中，必须已经创建和连接用于发送的套接字	
	[\Str] | [\RawData] | [\Data]	将数据发送到远程计算机 同一时间只能使用可选参数 \ Str、\ RawData 或 \ Data 中的一个	
示例	SocketSend socket1 \ Str: = " Hello world"; 将消息"Hello world"发送给远程计算机		

按图 5-24 所示的步骤建立 Socket 通信程序。先定义 Socket 变量 ComSocket 和字符串 String 变量 strRec，然后建立通信程序如下。

```
SocketClose CamSocket;                                      !关闭Socket套接字CamSocket
WaitUntil SocketGetStatus(ComSocket) = SOCKET_CLOSED;      !等待Socket套接字关闭
SocketCreate CamSocket;                                     !创建Socket套接字CamSocket
SocketConnect CamSocket, "192.168.10.50", 3010;            !建立Socket连接，IP="192.168.101.50"，端口"3010"
SocketReceive CamSocket\Str:=strRec;                        !接收相机确认数据，并保存到变量strRec
SocketSend CamSocket\Str:="admin\0D\0A";                    !发送用户名"admin"给相机，\0d\0a代表回车换行
SocketReceive CamSocket\Str:=strRec;                        !接收相机返回的数据
SocketSend CamSocket\Str:="\0D\0A";                         !发送密码给相机（密码为空，即：\0d\0a）
SocketReceive CamSocket\Str:=strRec;                        !接收相机返回的数据
```

图 5-24　ABB 机器人 Socket 通信程序

（3）康耐视相机通信设置

1）首先实现相机与机器人的硬件连接，将相机与机器人使用网线连接到一起，或者连接到同一个交换机上。

2）机器人 IP 地址为 192.168.101.100，设置相机的 IP 地址到同一网段，这里设置为 192.169.101.50。同时设置工业以太网协议为以太网/IP（Ethernet/IP）。

相机 IP 地址设置如图 5-25 所示。选择"系统"→"将传感器/设备添加到网络"菜单命令，在打开的界面中设置 IP 地址为"192.168.101.50"，子网掩码更改为"255.255.255.0"，注意勾选"将传感器设置重设为出厂默认设置"，单击"应用"。

图 5-25　相机 IP 地址设置

系统提示"请手动循环加电"，手动给相机断电并重新上电，如图 5-26 所示。

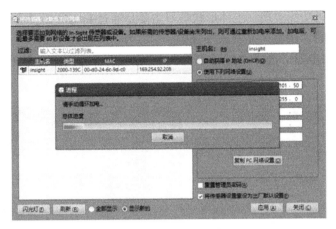

图 5-26 相机手动循环加电

相机重启完成后，可以看到相机 IP 地址已经更改成功了，如图 5-27 所示。

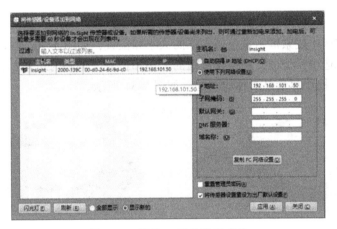

图 5-27 相机 IP 地址设置成功

3）相机与机器人通信是通过 TCP/IP 实现的，选择"传感器"→"网络设置"菜单命令，在打开的界面中将工业以太网协议设置为"以太网/IP"，单击"确定"，如图 5-28 所示。

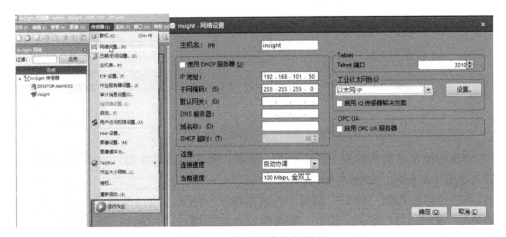

图 5-28 相机通信协议设置

（4）康耐视相机功能实现　工件形状学习主要是通过 Insight Explorer 软件中"定位部件"中的"图案"工具来实现的。

1）在应用程序步骤下选择"定位部件"，工具选择"图案"，如图 5-29 所示。

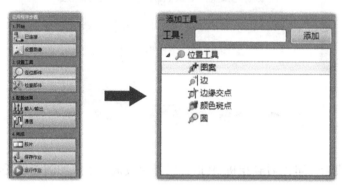

图 5-29　"图案"工具

2）图像区域选中搜索框，调整搜索框的大小和位置，如图 5-30 所示。

3）图像区域选中模型框，调整模型框的大小和位置，调整时尽量选择明亮对比度高的特征，并且选择的模型尽量是对称均匀的，如图 5-31 所示。

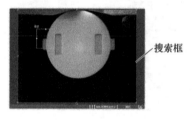

图 5-30　图案工具搜索框

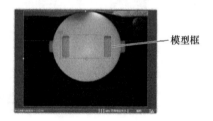

图 5-31　图案工件模型框

4）工件形状学习结果如图 5-32 所示。

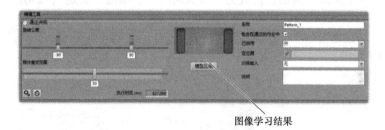

图像学习结果

图 5-32　工件形状学习结果

5）修改图像学习的名称为"FALAN"。注意：命名必须是字母，并且这个名称在之后和机器人通信中要使用，如图 5-33 所示。

6）用户可以在右侧"结果"面板中查看图像学习结果，包括图像学习是否通过、位置和旋转角度，如图 5-34 所示。其中，前面的绿色表示通过，检测到匹配的物体；（179.6，325.4）是位置；（-0.0）是角度。

图 5-33　图像工件名称设置

7）将得到的角度数据发送给机器人。进行相机通信设置，添加通信设备，通信设备的通信协议为 TCP/IP，如图 5-35 所示。

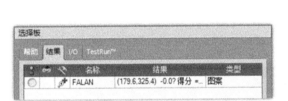

图 5-34　图像学习结果数据

图 5-35　相机通信设置

添加格式化输出字符串。添加变量 FALAN. Fixture. Angle，这样就能将工件偏转的角度值发送给机器人了，过程如图 5-36 ~ 图 5-39所示。

图 5-36　格式化输出字符串位置

图 5-37　添加格式化输出字符串

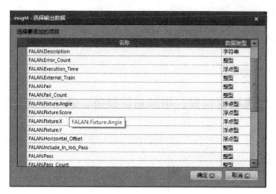

图 5-38　字符串列表

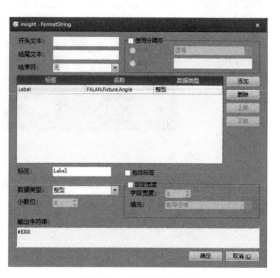

图 5-39　添加角度输出

8）相机图像学习完成后，必须保存相机作业，以免调试好的图像学习数据丢失。相机作业保存步骤："应用程序步骤"→"保存作业"→设置作业名称→"保存"，如图 5-40 所示。

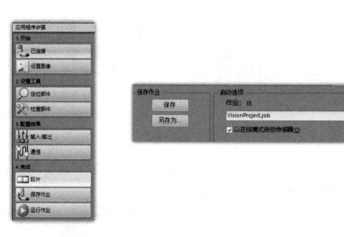

图 5-40　相机工程保存

（5）数据解析　相机拍照指令为"se8\0d\0a"，发送指令控制相机拍照，程序如图 5-41 所示。

```
SocketSend CamSocket\Str:="se8\0d\0a";        !发送相机拍照控制指令: se8\0d\0a
SocketReceive CamSocket\Str:=strRec;          !返回数据: 1代表拍照成功; 不为1代表相机拍照失败
```

图 5-41　机器人控制相机拍照程序

相机拍照之后，相机端数据已经更新，但是需要机器人发送查询信息的命令，相机会反馈固定格式的信息。相机反馈数据格式如图 5-42 所示。

前 3 个字节和后 2 个字节是无效信息，从反馈数据中分离出有效信息

图 5-42　相机反馈数据格式

便可以得到目标数据。

ABB 机器人字符串相关指令包括：StrPart、StrToVal、StrLen。三条指令的使用方法分别见表 5-9 ~ 表 5-11。

表 5-9　StrPart 指令

指令	StrPart（Str, ChPos, Len）	功能	获取指定位置开始长度的字符串
参数	Str	字符串数据	
	ChPos	字符串开始位置	
	Len	截取字符串的长度	
示例	Part：= StrPart（"Robotics", 1, 5） 变量 Part 的值为 "Robot"		

表 5-10　StrToVal 指令

指令	StrToVal（Str, Val）	功能	将字符串转换为数值
参数	Str	字符串数据	
	Val	保存转换得到的数值的变量	
示例	ok：= StrToVal（"3.14", nval） 变量 nval 的值为 3.14		

表 5-11　StrLen 指令

指令	StrLen（Str）	功能	获取字符串的长度
参数	Str	字符串数据	
示例	len：= StrLen（"Robotics"） 变量 len 的值为 8		

发送指令获取角度，并对返回的数据进行分割转换，得到的角度值赋值给 ReturnData。可以将该角度值用于输出法兰的装配工作中，完成后续的加工过程，程序如图 5-43 所示。

```
SocketSend CamSocket\Str:="GVFALAN.Angle\0d\0a";    !发送获取工件类型指令
SocketReceive CamSocket\Str:=strRec;                !接收相机返回的数据
strRec:=StrPart(strRec, 4, StrLen(strRec)-5);       !分割字符串，获取工件类型数据字符串
ok:=StrToVal(strRec, ReturnData);                   !将工件类型数据字符串转换为数值
SocketClose CamSocket;                              !关闭Socket套接字连接
```

图 5-43　有效数据提取程序

2. 拓展知识

Profinet 通信

康耐视相机除了支持 TCP/IP 外，还支持 Profinet 通信协议。通过 Profinet 通信，相机能够把识别的数据发送给 PLC，然后将相机数据统一整合到 PLC 与机器人的通信数据中。ABB 机器人与西门子 1200 系列 PLC 的通信设置可以参考任务 2 中的内容。此处主要讲解相机与 PLC 之间的通信设置，如图 5-44 所示。

PLC 与相机的
Profinet 通信

图 5-44　Profinet 通信设置

1）首先将机器人、PLC 与相机地址设置到一个网段内，这里设置机器人 IP 地址为 192. 168. 101. 100，PLC IP 地址为 192. 168. 101. 13，相机 IP 地址为 192. 168. 101. 50。

2）在 Insight 浏览器软件中，将工业以太网通信协议设置为"PROFI-NET"，如图 5-45 所示。

3）在通信中添加 PROFINET 通信设备，如图 5-46 所示。

4）添加格式化输出数据，选择要输出的角度值，单击"确定"即可将角度值进行输出。设置完成后保存工程并联机，如图 5-47 所示。

5）在博途中导入相机的 GSD 文件，并将相机所对应的型号组态到设

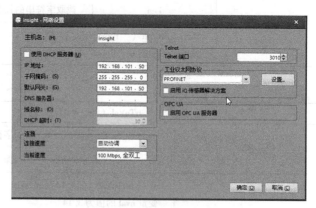

图 5-45　相机通信协议设置

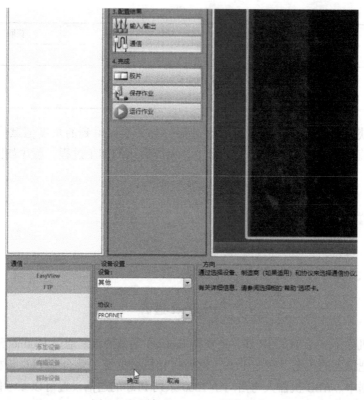

图 5-46　添加 PROFINET 通信设备

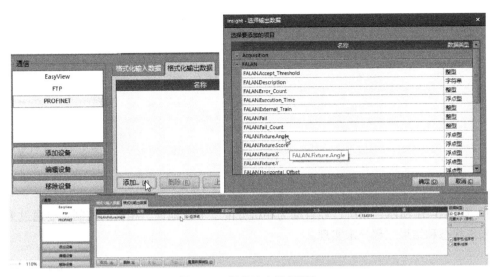

图 5-47　相机输出数据添加

备网络中。需要注意的是，如果相机的固件版本为 5.08，在 PLC 需要组态 IS2×××ccb 的设备，如果相机固件版本是 5.07，那么则选择没有 ccb 后缀的 is2××× 系列，如图 5-48 所示。

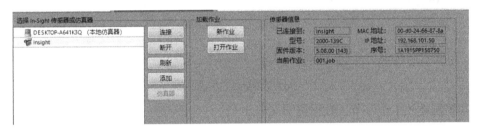

图 5-48　相机固件版本

6）连接相机到 PLC，如图 5-49 所示。设置相机的 IP 地址为 192.168.101.50，如图 5-50 所示。

图 5-49　PLC 与相机通信组态

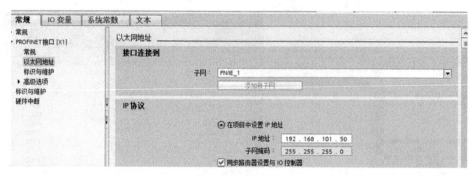

图 5-50 相机通信组态设置

7）如图 5-51 所示，系统已经自动为相机分配了 I/O 地址，相机的控制主要通过采集控制、采集状态和结果三部分来实现。

图 5-51 相机 I/O 地址分配

采集控制占用 1 个字节，数据说明见表 5-12。

表 5-12 相机采集控制数据说明

Bit0	相机准备命令
Bit1	相机拍照触发命令
Bit2 ~ Bit6	预留
Bit7	相机脱机命令

采集状态占用 3 个字节，数据说明见表 5-13。

表 5-13 相机采集状态数据说明

Bit0	相机准备完成状态
Bit1	相机拍照完成状态
Bit2	—
Bit3	—
Bit4 ~ Bit6	相机脱机原因代码
Bit7	相机联机状态
Bit8 ~ Bit23	—

结果数据可以根据传送数据的大小来选择使用字节的大小，最多占用 264 字节。结果数据说明见表 5-14。

表 5-14 相机采集结果数据说明

Byte0 ~ Byte1	完成计数
Byte2 ~ Byte3	预留
Byte4 ~ Byte263	相机数据保存地址

8）根据通信信息建立图 5-52 所示的变量表。

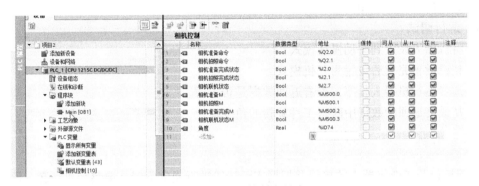

图 5-52 相机控制变量表

9）创建相机控制程序，如图 5-53 所示。

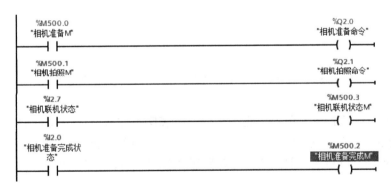

图 5-53 相机控制程序

10）工程创建完成后，下载工程到 PLC，依次控制相机准备和相机拍照，拍照成功则会返回工件当前的旋转角度值，如图 5-54 所示。

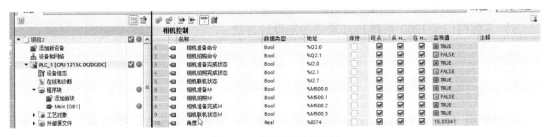

图 5-54 相机返回角度值

221

◈◈ **任务实施**

1）将 ABB 机器人和康耐视相机通过网线连接到一起，或者连接到同一台交换机上。

2）相机设置。

① 按上述相机配置方法完成相机功能设置。

② 将相机通信方式更改为以太网通信，并添加需要通信的数据信息。

3）机器人程序。

① 按照图 5-24 编写机器人 Socket 通信程序。

② 编写相机拍照控制程序和数据处理程序。

4）运行调试

① 将机器人设置到手动慢速模式。

② 相机设置完成后设置为联机模式。

③ 逐步运行机器人程序，查看返回数据是否正常。

④ 从最终返回的数据中获得工件旋转的角度值。

◈◈ **任务拓展**

实现相机与工业机器人的接线并根据实际接线进行通信配置。调整相机参数，配合机器人程序编写，实现通过机器人程序控制，控制相机拍照并获取工件颜色的功能。

任务 3　工业机器人 RFID 应用编程

◈◈ **任务描述**

本任务通过工业机器人程序编写、PLC 程序编写、通信设置，实现工序信息的写入与查询。

1）工序写入：机器人抓取关节底座工件，将底座工件搬运至 RFID 模块处进行工序写入，工序信息包括：工序号为 1；工序内容 ABD；日期时间为机器人当前的系统时间。

2）工序查询：机器人抓取关节成品并搬运至 RFID 模块上方，查询步骤 1）中写入的工序信息。

◈◈ **任务目标**

1）了解 ABB 机器人与 PLC 通信的一般步骤。

2）掌握 ABB 机器人 Socket 通信流程与编程方法。

3）掌握西门子 1200 系列 PLC 通信功能设计方法。

◈◈ **相关知识**

1. 基本知识

射频识别（Radio Frequency Identification，RFID）技术是无线电广播技术和雷达技术的结合，又称为电子标签技术。RFID 技术通过无线射频信号实现非接触方式下的双向通信，完成对目标对象的自动识别和数据的读写操作，能够方便地记录生产工序信息和工艺操作信息，实现生产过程的自动监控。

（1）RFID 工作原理 典型的 RFID 系统主要由读写器、电子标签及应用系统软件构成，其中读写器和电子标签如图 5-55 所示。

a) 读写器　　　　　　　　　b) 工件底部电子标签

图 5-55　RFID 系统结构

读写器又称为阅读器，负责接收来自控制系统的控制指令，完成与电子标签的双向通信，是 RFID 系统信息的控制和处理中心。电子标签是 RFID 系统中的数据载体，主要由 IC 芯片和无线通信模块组成，能够实现与读写器的通信与数据存储。

RFID 系统
结构和原理

本任务所使用的读写器型号为 SIMATIC RF340R，电子标签的用户存储容量为 112（B 即 Byte，字节），读写器读取和写入均为全区操作，即 112（B 即 Byte，字节）数据全部进行读取和写入。

（2）系统通信设计 系统通信设计如图 5-56 所示，机器人需要实现工序记录与查询的操作，实际上就是实现通过 PLC 控制 RFID 的读写过程。首先在机器人中创建待发送信息 rfidcon，信息打包之后通过机器人与 PLC 直接通信发送给 PLC，存放在 PLC 的数据 PLC_RCV_Data 中。PLC 将该数据解析为 RFID 指令、RFID 工序号和待写入信息三部分。当 RFID 指令为 RFID 写入时，通过 PLC 与阅读器

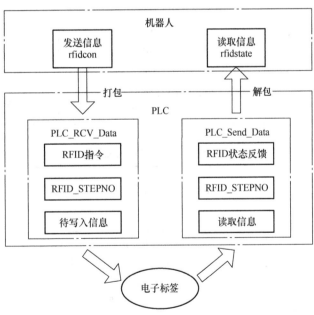

图 5-56　系统通信设计

的通信，将待写入信息写入电子标签；当 RFID 指令为读取时，则读取电子标签中的数据信息到 PLC 的变量"读取信息"中。同时读写指令的反馈信息传送给 RFID 状态反馈，与 RFID 工序号一同传送到机器人的 rfidstate 变量中。这样便实现了机器人对 RFID 读写的控制，也便实现了工序信息的记录与查询。

（3）通信数据解析基本指令 在实现 ABB 机器人与 PLC 通信前，首先学习用于通信数据解析的基本指令。

1) UnpackRawBytes 指令，具体使用方法见表 5-15。

表 5-15　UnpackRawBytes 指令

指令	UnpackRawBytes rawbytes num anytype [\Hex1] | [\IntX] | [\Float4] | [\ASCII]	功能	提取数据容器中的数据
参数	anytype	容许的数据类型包括：num、dnum、byte 或 string	
	rawbytes	用于解包数据源的变量容器	
	num	提取数据的起始字节地址	
	[\Hex1] | [\IntX] | [\Float4] | [\ASCII]	待装入数据的数据格式	
示例	UnpackRawBytes receivedata, 1, tempnum\IntX: = INT; 从 receiveddata 中的第一个字节处提取 2 个字节长度的数据存入 tempnum 中		

2) PackRawBytes 指令，具体使用方法见表 5-16。

表 5-16　PackRawBytes 指令

指令	PackRawBytes anytype rawbytes num [\Hex1] | [\IntX] | [\Float4] | [\ASCII]	功能	将数据装入到数据容器中
参数	anytype	容许的数据类型包括：num、dnum、byte 或 string	
	rawbytes	用于打包数据源的变量容器	
	num	写入数据的起始字节地址	
	[\Hex1] | [\IntX] | [\Float4] | [\ASCII]	待写入数据的数据格式	
示例	PackRawBytes data1, senddata, RawBytesLen (senddata) + 1\IntX: = INT; 将整数 data1 的值存入 senddata 中下一个空白字节区域		

3) ClearRawBytes 指令，具体使用方法见表 5-17。

表 5-17　ClearRawBytes 指令

指令	ClearRawBytes rawbytes	功能	清除原始数据字节数据的内容
参数	rawbytes	数据包	
示例	ClearRawBytes RawData; 清空 RawData 中的数据		

4) RawBytesLen 指令，具体使用方法见表 5-18。

表 5-18　RawBytesLen 指令

指令	RawBytesLen (rawbytes)	功能	获取 rawbytes 类型变量的长度
参数	rawbytes	数据包	
示例	len: = RawBytesLen (senddata); 获取 senddata 中占用的字节长度		

5）StrPart 指令，具体使用方法见表 5-19。

表 5-19　StrPart 指令

指令	StrPart（StrChPosLen）	功能	获取指定位置开始长度的字符串
参数	Str	字符串数据	
	ChPos	字符串开始位置	
	Len	截取字符串的长度	
示例	Part：= StrPart（"Robotics"，1，5）； 变量 Part 的值为 "Robot"		

6）Trunc 指令，具体使用方法见表 5-20。

表 5-20　Trunc 指令

指令	Trunc（Val［\Dec］）	功能	截断一个数值至规定位数的小数或整数值
参数	Val	被截取的数值	
	［\Dec］	小数位数。如果指定的小数位数为0，或者省略参数，则将值截断为一个整数	
示例	VAR num val； val：= Trunc（0.3852138 \ Dec：= 3）； 变量 val 被赋予值 0.385		

7）StrLen 指令，具体使用方法见表 5-21。

表 5-21　StrLen 指令

指令	StrLen（Str）	功能	获取字符串的长度
参数	Str	字符串数据	
示例	len：= StrLen（"Robotics"） 变量 len 的值为 8		

8）ByteToStr 指令，具体使用方法见表 5-22。

表 5-22　ByteToStr 指令

指令	ByteToStr（byte［\Hex］|［\Okt］| ［\Bin］|［\Char］）	功能	将字节转换为字符串数据
参数	byte	字节数据	
示例	tempstr：= ByteToStr（tempbyte\Char）； 将 tempbyte 变量的值转化为字符类型存储至 tempstr 变量中		

（4）机器人通信设置　ABB 机器人与 S7-1200 PLC 之间是通过基于 SOCKET 的以太网实现通信的。本任务中机器人作为客户端进行数据发送。PLC 作为服务器提供相应的数据。想要实现以太网通信，首先要设置 ABB 机器人与 PLC 的 IP 地址处于同一网段中。本任务中机器人 IP

地址为 192.168.101.100，PLC 的 IP 地址设置为 192.168.101.13，如图 5-57 所示。

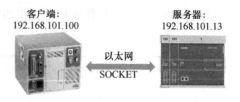

图 5-57　ABB 机器人与 PLC 通信设置

1）建立自定义数据类型。自定义数据类型是用户可以根据实际需要在程序中自行定义的新的数据类型。自定义数据类型时需要设置数据类型的名称及其成员。

自定义数据类型常用于描述对象的各种属性，例如描述 RFID 的通信信息，包含 RFID 指令、RFID 工序号、RFID 记录内容和记录时间等，基本数据类型不能满足这种需求，因此需要使用自定义数据。

在 RobotStudio 中创建一个程序模块，在模块中创建自定义数据，创建好的 RFID 自定义数据如图 5-58 所示。5 个变量依次为 RFID 指令、工序、内容、日期和时间。通信数据主要包括写入数据和读取数据两部分。如图 5-59 所示，创建 rfid 类型数据 rfidcon 和 rfidstate。其中 rfidcon 为写入数据，rfidstate 则为存储反馈的数据。

```
RECORD rfid
    num command;        ! RFID 指令
    num stepno;         ! 工序
    string name;        ! 内容
    string date;        ! 日期
    string time;        ! 时间
ENDRECORD
```

图 5-58　RFID 自定义数据

```
PERS rfid rfidcon:=[20,1,"gh*******","",""];
PERS rfid rfidstate:=[100,1,"22******2","019-12-171","3:04:16|"];
```

图 5-59　读写程序控制

2）打包发送数据 rifdcon，打包数据的顺序和占用的字节需要与 PLC 变量表保持一致。RFID 信息打包程序如图 5-60 所示。

```
PROC Pack()
    ClearRawBytes senddata;        !打包例行程序开始清空数据包
    PackRawBytes rfidcon.command,senddata,RawBytesLen(senddata)+1\IntX:=INT;    !打包RFID指令
    PackRawBytes rfidcon.stepno,senddata,RawBytesLen(senddata)+1\IntX:=INT;     !打包RFID工序
    IF Strlen(rfidcon.name)<9 THEN
        rfidcon.name:=rfidcon.name+StrPart("*********",1,9-Strlen(rfidcon.name));
    ELSEIF Strlen(rfidcon.name)>9 THEN
        rfidcon.name:=StrPart(rfidcon.name,1,9);
    ENDIF        !如果name变量字符长度小于9，则用*补齐。如果name变量字符长度大于9，则取前9位字符
    PackRawBytes rfidcon.name,senddata,RawBytesLen(senddata)+1\ASCII;    !打包写入内容
    PackRawBytes CDate(),senddata,RawBytesLen(senddata)+1\ASCII;         !打包当前日期
    PackRawBytes CTime(),senddata,RawBytesLen(senddata)+1\ASCII;         !打包当前时间
    PackRawBytes "|",senddata,RawBytesLen(senddata)+1\ASCII;             !打包结尾字符
ENDPROC
```

图 5-60　RFID 信息打包程序

3）解包接收数据，解包数据的顺序和占用的字节需要和 PLC 变量一一对应。依次解包 RFID 指令反馈、读取的工序、读取的内容时间等信息，并将解包后的数据赋值给 RFID 变量 rfidstate，如图 5-61 和图 5-62 所示。

（5）PLC 通信设置

1）在机器人通信设计中，分别定义了 rfidcon 和 rfidstate 作为机器人的发送数据和接收数据。同理在 PLC 一侧也要设计一致的数据结构。本任务中，将 PLC 接收机器人的数据保存在数据块 PLC_RCV_Data 中，将 PLC 发往机器人的数据放在数据块 PLC_Send_Data 中。

两个数据块结构如图 5-63 所示。

```
PROC UnPack()
    !RFID指令反馈
    UnpackRawBytes receivedata,1,contempnum{1}\IntX:=INT;
    !读取的工序
    UnpackRawBytes receivedata,3,contempnum{2}\IntX:=INT;
    !开始读取内容
    UnpackRawBytes receivedata,5,contempbyte{1}\Hex1;
    UnpackRawBytes receivedata,6,contempbyte{2}\Hex1;
    UnpackRawBytes receivedata,7,contempbyte{3}\Hex1;
    UnpackRawBytes receivedata,8,contempbyte{4}\Hex1;
    UnpackRawBytes receivedata,9,contempbyte{5}\Hex1;
    UnpackRawBytes receivedata,10,contempbyte{6}\Hex1;
    UnpackRawBytes receivedata,11,contempbyte{7}\Hex1;
    UnpackRawBytes receivedata,12,contempbyte{8}\Hex1;
    UnpackRawBytes receivedata,13,contempbyte{9}\Hex1;
    !开始读取日期
    UnpackRawBytes receivedata,14,contempbyte{10}\Hex1;
    UnpackRawBytes receivedata,15,contempbyte{11}\Hex1;
    UnpackRawBytes receivedata,16,contempbyte{12}\Hex1;
    UnpackRawBytes receivedata,17,contempbyte{13}\Hex1;
    UnpackRawBytes receivedata,18,contempbyte{14}\Hex1;
    UnpackRawBytes receivedata,19,contempbyte{15}\Hex1;
    UnpackRawBytes receivedata,20,contempbyte{16}\Hex1;
    UnpackRawBytes receivedata,21,contempbyte{17}\Hex1;
    UnpackRawBytes receivedata,22,contempbyte{18}\Hex1;
    UnpackRawBytes receivedata,23,contempbyte{19}\Hex1;
    !开始读取时间
    UnpackRawBytes receivedata,24,contempbyte{20}\Hex1;
    UnpackRawBytes receivedata,25,contempbyte{21}\Hex1;
    UnpackRawBytes receivedata,26,contempbyte{22}\Hex1;
    UnpackRawBytes receivedata,27,contempbyte{23}\Hex1;
    UnpackRawBytes receivedata,28,contempbyte{24}\Hex1;
    UnpackRawBytes receivedata,29,contempbyte{25}\Hex1;
    UnpackRawBytes receivedata,30,contempbyte{26}\Hex1;
    UnpackRawBytes receivedata,31,contempbyte{27}\Hex1;
    !读取结束符
    UnpackRawBytes receivedata,32,contempbyte{28}\Hex1;
```

图 5-61　解包程序

```
!接收的RIFD内容为byte类型，需将byte类型的值转化为字符，再将字符合并为字符串
contempstring{1}:="";
FOR n FROM 0 TO 8 DO
        contempstring{5}:="";
        contempstring{5}:=ByteToStr(contempbyte{1+n}\Char);
        contempstring{1}:=contempstring{1}+contempstring{5};
ENDFOR
contempstring{2}:="";
!接收的日期为byte类型，需将byte类型的值转化为字符，再将字符合并为字符串
FOR n FROM 0 TO 9 DO
        contempstring{5}:="";
        contempstring{5}:=ByteToStr(contempbyte{10+n}\Char);
        contempstring{2}:=contempstring{2}+contempstring{5};
ENDFOR
!接收的时间为byte类型，需将byte类型的值转化为字符，再将字符合并为字符串
contempstring{3}:="";
FOR n FROM 0 TO 7 DO
    contempstring{5}:="";
    contempstring{5}:=ByteToStr(contempbyte{20+n}\Char);
    contempstring{3}:=contempstring{3}+contempstring{5};
ENDFOR
!接收的结尾字符为byte类型，需将byte类型的值转化为字符
contempstring{4}:="";
contempstring{4}:=ByteToStr(contempbyte{28}\Char);
!rfid string
rfidstate.name:=contempstring{1};    !内容赋值
rfidstate.date:=contempstring{2};    !日期赋值
rfidstate.time:=contempstring{3};    !时间赋值
ClearRawBytes receivedata;           !清空数据包
ENDPROC
```

图 5-62　转化程序

DB_RB_CMD

		名称	数据类型	偏移量	起始值
1	▼	Static			
2	■ ▼	PLC_RCV_Data	Struct	0.0	
3	■	RFID指令	Int	0.0	0
4	■	RFID_STEPNO	Int	2.0	0
5	■ ▶	RFID待写入信息	Array[0..27] of Char	4.0	
6	■ ▼	RB_CMD	Struct	32.0	
7	■	RFID指令	Int	32.0	0
8	■	RFID_STEPNO	Int	34.0	0
9	■ ▶	RFID待写入信息	Array[0..27] of Char	36.0	

DB_PLC_STATUS

		名称	数据类型	偏移量	起始值
1	▼	Static			
2	■ ▼	PLC_Send_Data	Struct	0.0	
3	■	RFID状态反馈	Int	0.0	0
4	■	RFID_SEARCHNO	Int	2.0	0
5	■ ▶	RFID读取信息	Array[0..27] of Char	4.0	
6	■ ▼	PLC_Status	Struct	32.0	
7	■	RFID状态反馈	Int	32.0	0
8	■	RFID_SEARCHNO	Int	34.0	0
9	■ ▶	RFID读取信息	Array[0..27] of Char	36.0	

图 5-63　PLC 通信接收数据与发送数据

2）通信参数设置。根据图 5-57 对通信参数进行设置。设置界面如图 5-64 所示。

3）数据发送与接收功能块。发送功能块 TSEND_C 如图 5-65a 所示。在该功能块中，当参数 CONT 为 1 时，设置并建立通信连接。设置连接的参数由 CONNECT 给定，在这里为［"连接参数".参数］。在参数 REQ 中检测到上升沿时执行发送作业，发送数据为参数 DATA 的内容。

图 5-64　通信参数设置

接收功能块 TRCV_C 如图 5-65b 所示。在该功能块中，相同参数含义与 TESND_C 基本一致。参数 EN_R 为启用接收功能，可以设置为 1 或常闭。PLC 接收的指令数据存放在参数 DATA 指定的缓冲区中，在这里为 ["DB_RB_CMD" . PLC_RCV_Data]。

上述样例程序中发送数据的缓冲区和接收数据的缓冲区已经在图 5-60 中说明了。参数 CONNECT（连接参数）设置如图 5-66 所示。参数说明见表 5-23。

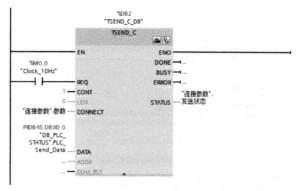

a) 发送功能块TSEND_C

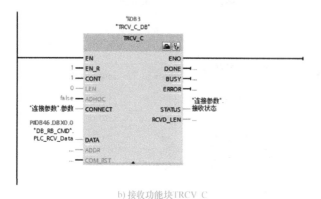

b) 接收功能块TRCV_C

图 5-65　数据发送与接收功能块

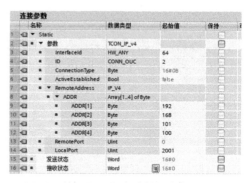

图 5-66　连接参数设置

表 5-23　连接参数说明

参数	说明
InterfaceId	网口硬件标识符
ID	引用连接号
ActiveEstablished	连接建立类型的标识符 false：被动连接建立 true：主动连接建立
ConnectionType	连接类型： 17：TCP（17 dec = 0x11 hex） 18：ISO-on-TCP（18 dec = 0x12 hex） 19：UDP（19 dec = 0x13 hex）
ADDR	IP 地址
LocalPort	端口号

4) 高低位转换。机器人与PLC之间进行不同类型和长度的数据交互时，往往直接收发的数据与实际数据存在差异，但这种差异是有一定规律的。根据不同系统的数据交互规范，将收发的数据转换为与实际相符合的数据，就是数据解析的作用。

在ABB机器人与S7-1200PLC通信时，需要对两位或两位以上的数值变量（WORD/INT）进行高低位转换。SWAP（交换）指令能够交换高低位的字节，图5-67说明了交换指令是如何交换DWORD类型操作数的字节的。

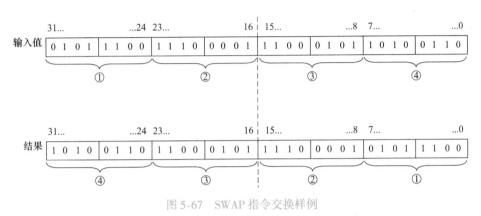

图5-67 SWAP指令交换样例

使用SWAP指令实现RFID数据的高低位转换的程序如图5-68所示。PLC接收到的数据PLC_RCV_Data进行高低位转换后存放到了RB_CMD缓冲区。PLC再发送的数据PLC_SEND_Data是对PLC_STATUS数据进行高低位转换之后的数据。

```
"DB_RB_CMD".RB_CMD.RFID指令 :=SWAP_WORD( "DB_RB_CMD".PLC_RCV_Data.RFID指令);
"DB_RB_CMD".RB_CMD.RFID_STEPNO := SWAP_WORD("DB_RB_CMD".PLC_RCV_Data.RFID_STEPNO);
FOR #i := 0 TO 27 DO
    "DB_RB_CMD".RB_CMD.RFID待写入信息[#i] :="DB_RB_CMD".PLC_RCV_Data.RFID待写入信息[#i];
END_FOR;
FOR #i := 0 TO 27 DO
    "DB_PLC_STATUS".PLC_Send_Data.RFID读取信息[#i] := "DB_PLC_STATUS".PLC_Status.RFID读取信息[#i];
END_FOR;
```

图5-68 RFID数据高低位转换

（6）PLC与阅读器的通信 RF300系列阅读器与S7-1200 CPU1215C直接通信是通过通信模块RF120C实现的。本任务中使用的阅读器型号为RF340R，通过专用连接电缆连接至RF120C的通信接口。系统配置如图5-69所示。

1) 设备组态。硬件连接完成后，进行设备组态。如图5-70所示，对CPU和RF120C进行组态。在101插槽组态RF120C模块。

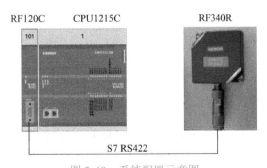

图5-69 系统配置示意图

2) 根据使用的阅读器设置RF120C模块连接的阅读器类型。本任务中使用的阅读器为RF340R，这里可以设置"Ident设备/系统"为"RF300常规"，也可以选择"通过FB/光学阅读器获取的参数"，自动识别所使用的阅读器类型，如图5-71所示。

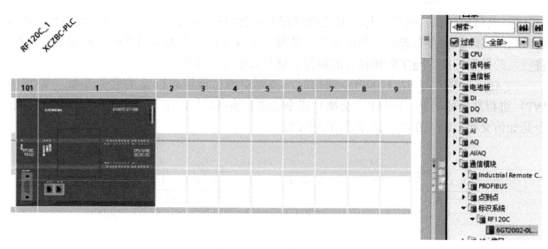

图 5-70　PLC 设备组态

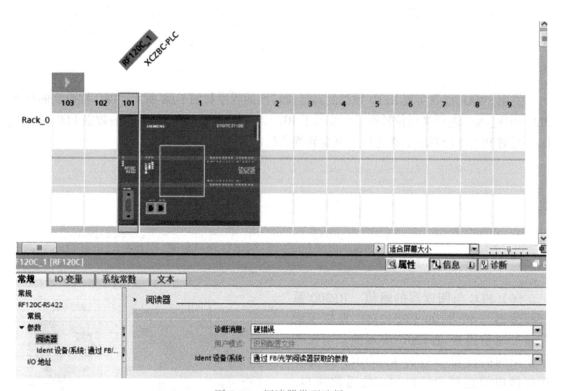

图 5-71　阅读器类型选择

3）添加工艺对象 TO_Ident，并设置组态基本参数中 Ident 设备参数为 RF120C_1，阅读器参数分配设置为 RF300 general。这样 PLC 与阅读器之间的通信便设置完成了，如图 5-72 所示，参数配置如图 5-73 所示。

（7）RFID 控制指令　RFID 主要用于记录生产工序信息，通过 PLC 可以向 RFID 发送复位、读取、写入等指令。电子标签的用户存储容量为 112Byte。

在编程指令中，"选件包" 中集成了 SIMATICIdent 配置文件与 Ident 指令块，可以使用这些指令实现对工业识别系统的操作。本任务主要涉及的控制指令如下。

图 5-72 添加工艺对象

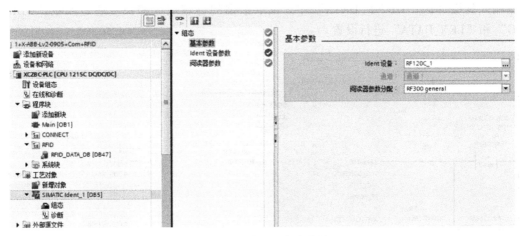

图 5-73 阅读器组态参数设置

1) Reset_RF300 复位指令。复位指令能够对 RFID 进行初始化/复位。复位指令格式如图 5-74 所示。

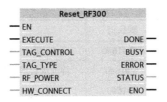

图 5-74 Reset_RF300 复位指令

其中主要参数说明见表 5-24。

表 5-24　Reset_RF300 复位指令参数说明

参数	数据类型	默认值	描述
EXECUTE	Bool	FALSE	该端子为 TRUE 时，执行复位指令
TAG_CONTROL	Byte	1	存在性检查：0 = 关闭；1 = 打开；4 = 存在
TAG_TYPE	Byte	0	发送应答器类型： 1 = 每个 ISO 发送应答器；0 = RF300 发送应答器
RF_POWER	Byte	0	输出功率；仅适用于 RF380R
DONE	Bool	FALSE	指示当前功能执行是否完成
BUSY	Bool	FALSE	指示当前功能是否正在进行
ERROR	Bool	FALSE	指示当前阅读器是否报错
STATUS	DWORD	0	指示当前阅读器错误代码

样例程序如图 5-75 所示。当程序中 RFID 指令数据等于 30 时，执行复位功能，复位组态名称为 SIMATICIdent_1 的阅读器。复位过程中 BUSY 为 TRUE 状态。复位结束后 BUSY 端子回归为 FALSE，DONE 端子置位为 TRUE。复位出错时 ERROR 端子为 TRUE。STATUS 端子输出错误代码，没有错误时显示为 0。其他代码请查询 SIMATICRF300 说明文档。

2）Read 读取指令。如图 5-76 所示，"Read"功能块从标签中读取用户数据，并将这些数据输入到缓冲区"IDENT_DATA"中。读取数据的物理地址和长度通过参数"ADDR_TAG"和"LEN_DATA"进行设置。

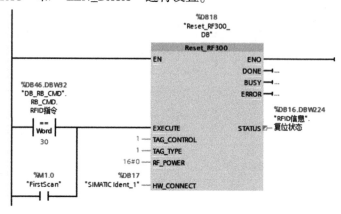

图 5-75　阅读器复位样例程序

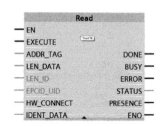

图 5-76　Read 读取指令

Read 读取指令主要参数说明见表 5-25。

表 5-25　Read 读取指令参数说明（与表 5-24 重复部分未列出）

参数	数据类型	默认值	描述
ADDR_TAG	DWord	DW#16#0	启动读取的发送应答器所在的物理地址
LEN_DATA	Word	W#16#0	待读取数据的长度
LEN_ID	Byte	B#16#0	EPC-ID/UID 的长度
EPCID_UID	Array〔1…62〕of Byte	0	用于最多 62B EPC-ID、8B UID 或 4B 处理 ID 的缓冲区
IDENT_DATA	Any/Variant	0	存储读取数据的数据缓冲区
PRESENCE	Bool	FALSE	指示是否检测到标签

样例程序如图 5-77 所示。当 RFID 指令数据值为 20 时，执行读取命令，读取标签中数据到缓存器 "RFID 信息" . read 中。读取数据的长度为 112B。需要注意的是：只有阅读器检测到标签时才能进行读取和写入的操作。阅读器是否检测到标签可以从阅读器的指示灯状态或者参数 "PRESENCE" 的值中读出。当检测到标签时，阅读器上 LED 指示灯由绿色转为黄色，"PRESENCE" 参数值由 FALSE 变为 TRUE。

3）Write 写入指令。如图 5-78 所示，当 "EXECUTE" 端输入 TRUE 时，"Write" 块会将 "IDENT_DATA" 缓冲区中的用户数据写入标签。数据的物理地址和长度分别由参数 "ADDR_TAG" 和 "LEN_DATA" 设置。

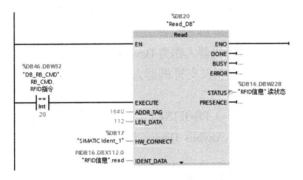

图 5-77　阅读器读取样例程序

图 5-78　Write 写入指令

其主要参数见表 5-26。

表 5-26　Write 写入指令参数说明（重复部分未列出）

参数	数据类型	默认值	描述
ADDR_TAG	DWord	DW#16#0	启动写入的发送应答器所在的物理地址
LEN_DATA	Word	W#16#0	待写入数据的长度
LEN_ID	Byte	B#16#0	EPC-ID/UID 的长度
EPCID_UID	Array［1...62］of Byte	0	用于最多62B EPC-ID、8B UID 或4B 处理 ID 的缓冲区
IDENT_DATA	Any/Variant	0	存储待写入数据的数据缓冲区

样例程序如图 5-79 所示。当 RFID 指令数据值等于 10 时，延迟 100ms 后执行 RFID 写入功能，将数据 "RFID 信息" . Write 中的值写入到标签中，完成工序信息的写入。

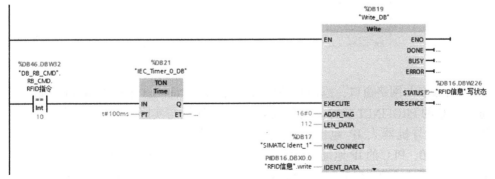

图 5-79　Write 写入指令样例程序

2. 拓展知识

使用 PROFINET 实现 ABB 机器人与 S7 – 1200 PLC 的通信

PROFINET 通信是新一代基于工业以太网技术的自动化总线标准，为自动化通信领域提供了完整的网络解决方案，广泛用于实时以太网、运动控制、分布式自动化、故障安全和网络安全等自动化领域，并且作为跨供应商的技术，可以完全兼容工业以太网和现有现场总线（如 PROFIBUS）技术。

（1）PROFINET 选项　ABB 工业机器人的 PROFINET 选项如下：

1）888 – 2 PROFINET Controller/Device，该选项支持机器人作为 Controller 和 Device，机器人不需要额外的部件。

2）888 – 3 PROFINET Device，该选项仅支持机器人作为 Device，同样不需要额外的部件。

3）840 – 3 PROFINET Anybus Device，该选项仅支持机器人作为 Device，机器人需要额外的 PROFINET Anybus Device 硬件。

888 – 2 PROFINET Controller/Device 和 888 – 3 PROFINET Device 选项可以直接使用控制器上的 LAN3 或者 WAN 口。840 – 3 PROFINET Anybus Device 选项需要添加额外的 PROFINET Anybus Device 硬件。

（2）通过 WAN 端口建立 PROFINET 通信的步骤如下：

1）在组态 ABB 机器人之前，需要先加载机器人对应的 GSD 文件。GSD（General Station Description）文件全称为通用站描述文件，基于 GSD 文件能够将不同厂商的设备集成在同一总线系统中。在博途软件中，选择"选项"→"管理通用站描述文件"菜单命令，如图 5-80 所示，在源路径中选择 ABB 机器人 GSD 文件路径，选中 ABB 机器人 GSD 文件并安装，这样 ABB 机器人便会出现在博途的硬件目录中。

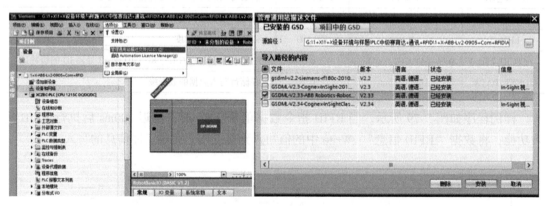

图 5-80　GSD 文件安装

2）打开设备与网络窗口，添加硬件目录中的 ABB Robotics 中的 BasicV1.2 设备，连接该设备到 PLC 的 PROFINET 接口。设置机器人的 IP 地址与实际 IP 地址一致，同时要保证 PLC 的 IP 地址与机器人 IP 地址处于统一网段。在本部分内容中，机器人 IP 地址为 192.168.101.100，PLC 的 IP 地址为 192.168.101.13，如图 5-81 所示。

3）组态机器人 I/O。根据需求对机器人 I/O 进行配置。本部分内容中添加了 128B 的数

图 5-81　通信网络组态

字输入和数字输出。系统会自动为输入输出模块分配 I/O 地址，在本部分内容中数字输入的地址为 IB68～IB195，数字输出的地址为 QB58～QB195。

4）进入示教器，选择"控制面板"→"配置"，主题选择"Communication"，如图 5-82 所示。

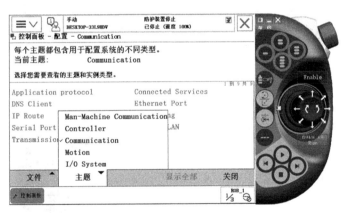

图 5-82　I/O 配置主题选择

5）进入 IP 设置（IP Setting），选择"PROFINET Network"，如图 5-83 所示。

6）修改 IP 地址和子网掩码（Subnet），设置网口（Interface）为"WAN"，如图 5-84 所示。

7）返回配置界面，选择 I/O。选择"Industrial Network"，然后选择"PROFINET"。设置"PROFINET Station Name"，此处的名字要与 PLC 组态的机器人 Station 名称一致，如图 5-85 所示。

8）返回配置界面，选择"PROFINET Internal Device"，如图 5-86 所示。

9）根据实际配置设置输入/输出字节数，注意要与 PLC 端的配置一致，如图 5-87 所示。

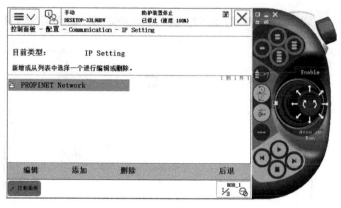

图 5-83　配置 PROFINET 网络

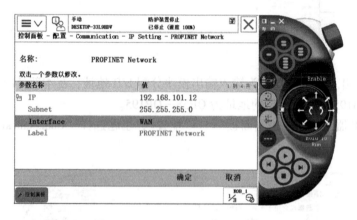

图 5-84　PROFINET 网络 IP 设置

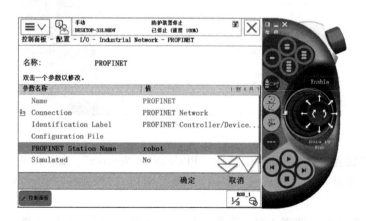

图 5-85　PROFINET 通信站名称设置

10）添加 Signal，"Assigned to Device" 选择 "PN_Internal_Device"，如图 5-88 所示，创建 RFID 指令信号 RFIDCommand。与 PLC 建立连接后，就可以将 "RFID 指令" 数据发送到 PLC 的 IB68－IB71 中，通过向 PLC 发送不同数值，实现不同指令的调用。

236

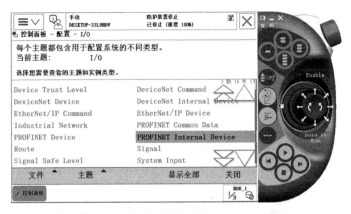

图 5-86　配置 PROFINET Internal Device

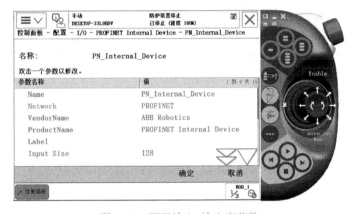

图 5-87　配置输入/输出字节数

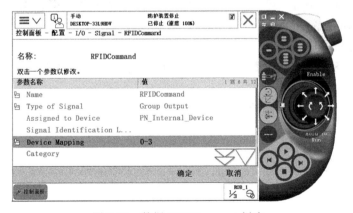

图 5-88　数据 RFIDCommand 创建

◇◇ 任务实施

1）根据控制要求，按图 5-70 在博途软件中完成设备组态，设置 PLC 的 IP 地址为 192.168.101.13，启用系统存储以及时钟存储器，如图 5-89 所示。

图 5-89 启用系统存储和时钟存储器

2）按图 5-72、图 5-73 添加工艺对象 TO_Ident 并正确设置阅读器组态参数。

3）阅读器控制程序编写。创建变量表，参照图 5-75、图 5-77、图 5-79 完成复位程序、读取程序和写入程序的编写。并编写图 5-90 所示程序将从电子标签中查询到的 "'RFID 信息'. read" 转换为与机器人通信的数据 "PLC_Send_Data. RFID 读取信息"。并将机器人传到 PLC 的 RFID 待写入信息放入到将要写入电子标签的 "'RFID 信息'. write" 中。

```
IF "DB_RB_CMD".RB_CMD.RFID指令=10 THEN
    FOR #i := 0 TO 27 DO
        "RFID信息".write[#i+("DB_RB_CMD".RB_CMD.RFID_STEPNO-1)*28] := "DB_RB_CMD".RB_CMD.RFID待写入信息[#i];
    END_FOR;
END_IF;
IF "Read_DB".DONE=1 THEN
    FOR #i := 0 TO 27 DO
        "DB_PLC_STATUS".PLC_Send_Data.RFID读取信息[#i] := "RFID信息".read[#i+("DB_RB_CMD".RB_CMD.RFID_STEPNO-1)*28];
    END_FOR;
END_IF;
```

图 5-90 工具快换程序

4）PLC 通信程序编写。建立图 5-65 所示的数据发送和数据接收程序，并编写图 5-68 所示的高低位转换程序。

5）机器人通信程序编写。

① 参照图 5-58 定义自定义数据类型 rfid，并建立写入数据 "rfidcon" 和存储反馈数据 "rfidstate"。

② 创建图 5-91 所示的中间辅助数据。

```
PERS rawbytes receivedata;
PERS rawbytes senddata;
VAR num contempnum{2}:=[0,0];
VAR byte contempbyte{28}:=[0,0,0,0,0,0,0,0,0,0,0,0,0,0,0,0,0,0,0,0,0,0,0,0,0,0,0,0];
VAR string contempstring{5}:=["","","","",""];
```

图 5-91 机器人通信辅助数据定义

③ 创建图 5-60 所示信息打包程序和图 5-61、图 5-62 所示解包程序。

④ 创建机器人 Socket 通信程序，如图 5-92 所示。

6）运行调试

① 打开博途软件，在线调试 PLC 程序，"RFID 指令" 参数赋值为 30，观察阅读器 LED 指示灯是否为绿色常亮。若为绿色常亮，则表明初始化成功，否则检查 RFID 参数设置，重

```
PROC main()
    SocketClose socket1;                              !关闭套接字
    WaitTime 1;                                       !延时1s
    SocketCreate socket1;                             !创建套接字
    SocketConnect socket1,"192.168.101.13",2001;      !与PLC建立连接（IP跟端口需和PLC设置的一致）
    WHILE TRUE DO                                     !无限循环
        SocketReceive socket1\RawData:=receivedata;   !接收PLC发送的数据包
        UnPack;                                       !解包数据
        WaitTime 0.25;                                !延时0.25s
        Pack;                                         !打包数据
        SocketSend socket1\RawData:=senddata;         !发送数据包
        WaitTime 0.25;                                !延迟0.25s
    ENDWHILE
ENDPROC
```

图 5-92　机器人 Socket 通信程序

新初始化。

② 将电子标签放置到阅读器附近，阅读器 LED 指示灯显示黄色。更改"RFID 信息.write"为"123"，手动将"RFID 指令"赋值为 10，将待写入信息写入电子标签。接着赋值 20 给"RFID 指令"，读取电子标签中内容。查看"RFID 信息.read"数据，如果有数据"123"返回，则说明 RFID 读写成功。

③ 将机器人设置为手动慢速模式，按图 5-93 设置 rfidcon，运行 Socket 通信程序。观察 PLC 中数据块 PLC_RCV_Data 中的数据变化。如果数据与 rfidcon 中设置数据一致，则说明机器人数据发送成功，如图 5-93 所示。

`PERS rfid rfidcon:=[10,1,"ABD******","",""];`

图 5-93　rfid 数据设置

④ 更改 rfidcon 的"command"为 20，读取电子标签中内容，然后查看 rfidstate 中数据，若数据"name"为"ABD"且返回时间与信息发送时间一致，则说明读取成功。

◆◆ 任务拓展

编写机器人程序，将学生姓名首字母写入到电子标签中，并成功读取标签中内容，显示在示教器上。

 思考与练习

1. 快换工具是如何实现工具的锁紧与释放的？
2. 在进行 I/O 板信号配置的过程中，有几种信号类型？每种信号创建的步骤是怎样的？
3. 视觉系统的工作原理是怎样的？
4. ABB 机器人与康耐视相机的通信流程是怎样的？涉及哪些 Socket 通信指令？
5. 如何配置相机使相机能够返回工件旋转的角度值？
6. 相机返回的数据格式是怎样的？怎样提取有效信息？
7. 康耐视相机与 S7 - 1200 PLC 如何通信？
8. RFID 系统主要包括哪些部分？记录的工序信息存储在阅读器还是电子标签？
9. 在 ABB 机器人的编程系统中，什么是自定义数据？为什么要定义自定义数据？
10. 机器人传给 PLC 的数据为什么要进行高低位转换？
11. PLC 如何实现对 RFID 的读写控制？

参 考 文 献

[1] 叶晖. 工业机器人工程应用虚拟仿真教程 [M]. 北京：机械工业出版社，2014.

[2] 叶晖. 工业机器人实操与应用技巧 [M]. 2版. 北京：机械工业出版社，2017.

[3] 王志强，禹鑫燚，蒋庆斌. 工业机器人应用编程（ABB）初级 [M]. 北京：高等教育出版社，2020.

[4] 王志强，禹鑫燚，蒋庆斌. 工业机器人应用编程（ABB）中级 [M]. 北京：高等教育出版社，2020.